Juan Antonio de la Rica

La revolución del CO2

Una farsa para un impuesto

Juan Antonio de la Rica

La revolución del CO2

Una farsa para un impuesto

BIBLIOTHECA
HOMO
LEGENS

BIBLIOTHECA**HOMOLEGENS**

Calle Nicasio Gallego, 9
28010 Madrid
91 005 35 54
www.homolegens.com

ISBN: 978-84-19349-13-2

Maquetación y diseño de cubierta: Nacho Cascajero
Imagen de portada: Matthias Heyde / Unsplash

Índice

Prefacio *9*

Introducción *21*

Ventana primera. Historia del CO2 *35*

Ventana segunda. Evolución del clima *51*

Ventana tercera. El CO2 en la atmósfera *71*

Ventana cuarta. El efecto invernadero real *91*

Ventana quinta. El PICC y los ecologistas *107*

Ventana quinta. El PICC y los ecologistas *141*

Ventana séptima. Mirando al suelo *153*

Ventana octava. La oportunidad perdida *163*

Ventana novena. Planeta verde *173*

Despedida *195*

Prefacio

En el año 1957 tuvo lugar el Año Geofísico Internacional, que significó un importante esfuerzo internacional de inversión económica y de trabajo científico y en el que participaron miles de investigadores de las distintas ramas de la geofísica. El resultado fue un notable impulso en el conocimiento físico de nuestro planeta en su conjunto y de la atmósfera y el clima en particular. Respecto a este, una de las conclusiones de los estudios realizados a lo largo de ese año fue que el clima de la Tierra está históricamente en permanente cambio, oscilando entre épocas cálidas y frías (glaciaciones), pero con una lenta tendencia general hacia el enfriamiento. Se determinó con precisión que en ese momento, año 1957, climatológicamente vivíamos un período interglaciar de calentamiento de la atmósfera iniciado hacía 10.000 años cuando los hielos comenzaron a retroceder de forma muy rápida en todo el mundo y el nivel del mar comenzó a subir también muy rápidamente. Ese cambio no fue continuo a lo largo de esos 10.000 años en que el nivel del mar ascendió 120 metros, sino que el mar ha ascendido 6 metros en los últimos 6.000 años, a razón de 10 cm por siglo, y 114 metros en los 4.000 años anteriores, a razón de 285 cm por siglo, lo que significa un

crecimiento casi treinta veces más rápido que el actual.
Los geofísicos que estudiaron el clima y su constante cambio histórico consideraron que el actual proceso de cambio de nuestra atmósfera era absolutamente natural, pero que sería necesario estudiar más a fondo la posible influencia en el mismo de dos fenómenos causados por el hombre: el incremento de partículas sólidas en el aire como más importante, y el incremento de CO2 y su efecto invernadero como de menor impacto.
El polvo en la atmósfera es reforzado por el humo causado por la actividad humana y su presencia haría que llegara menos radiación solar al suelo, con lo que este se calentaría menos, mientas que ese polvo se calentaría más y calentaría a la propia atmósfera elevando la temperatura del aire. Sobre este posible problema se llamó la atención de forma importante, y con menos importancia se trató del tema del CO2.
En este segundo caso, la influencia sobre el clima estaría producida por el efecto invernadero que tiene este gas, al hacer rebotar la radiación infrarroja procedente del suelo al enfriarse este durante las noches, radiación que en lugar de escapar al espacio exterior, regresaría al suelo.
Debido al extraordinario interés que tiene la predicción meteorológica y a su enorme importancia económica, el estudio del clima recibió un fenomenal impulso gracias al Año Geofísico Internacional. El tema del CO2 y su posible incidencia en la evolución de un clima cambiante y con una continuada tendencia al calentamiento, llamó poderosamente la atención de muchos geofísicos alarmistas que predijeron con un gran oportunismo profesional, que al final del milenio, es decir hacia el año 2000, los niveles de CO2 en la atmósfera habrían

aumentado en un 25%. La alarma llama la atención y despierta el interés de la gente de la calle, y esto canaliza el dinero destinado a la investigación, con lo que ayudas, subvenciones, encargos, publicaciones, cátedras, etc. fueron a parar a las manos de los físicos alarmistas, cuyo objetivo pasó a ser, no el investigar desapasionadamente el comportamiento del CO2, sino el demostrar la maldad del anhídrido carbónico como causante del calentamiento del clima. Por otra parte, este falso mensaje, lanzado durante los años sesenta del Siglo XX, fue tomado con entusiasmo por los ecologistas, que ansiosos de salvar al mundo, vieron en el CO2 el instrumento perfecto para hacer realidad sus sueños antidesarrollistas, con lo que este gas cambió de manos y pasó de las de los científicos a las de los políticos de izquierdas, con todas las consecuencias negativas que esto implica. A finales de los setenta y principios de los ochenta, la idea de asociar el calentamiento continuo desde hace 10.000 años de nuestra atmósfera, con el CO2 producido por la industria y el transporte, fue ganando partidarios y convirtiéndose poco a poco en uno de los dogmas de la ecología, y todo ello a pesar de que climáticamente entre los años 1945 y 1975 existió una ligera tendencia hacia el enfriamiento. Pero no importa, el dogma se estableció y en adelante se aceptó como tal por los ecologistas y la izquierda progresista.

Este cambio quedó curiosamente reflejado en un cambio semántico, y de esta forma el "cambio del clima" estudiado por los geofísicos, pasó a ser "cambio climático" impuesto por los políticos y a continuación gestionado y administrado por ellos. Climático, significa perteneciente o relativo al clima, cambio climático no es por tanto cambio del clima, sino cambio de lo relativo al clima. La forma de vida, la salud, la economía, la agricultura, están relacionadas con el clima, y esas son las cosas que van a cambiar, es decir lo que a nosotros nos afecta del clima, y van a cambiar por culpa del CO2, un CO2 que produce un sector de la sociedad, los egoístas, los insolidarios, los industriales, los trabajadores. Los ecologistas y los políticos de izquierdas, no, ellos no generan CO2 y en todo caso el que producen es bueno porque lo hacen por nuestro bien, por eso ellos van a cobrar por el CO2 creado, y los egoístas, los insolidarios, los no ecologistas, van a pagar.

De este modo, el cambio del clima, que es un fenómeno natural y una realidad constante en la historia de la Tierra, pues el clima nunca ha permanecido estable y no tiene ningún sentido esperar que deje de cambiar cuando a nosotros nos conviene, ha pasado a ser una amenaza para la humanidad: amenaza de la que nos van a salvar los ecologistas (que son gente muy noble y al mismo tiempo muy práctica), cobrando un impuesto por producir CO2, con lo que la sociedad producirá menos CO2, lo que a su vez actuará como freno a un desarrollo ecológicamente destructivo. Con menos energía habrá menos fábricas, menos industrias, menos explotaciones mineras, etc. lo cual es magnífico desde un punto de vista ecológico, porque habrá menos contaminación, aunque por supuesto también habrá menos trabajo, más miseria y más hambre en el mundo, pero eso no tiene demasiada importancia.

El establecimiento de un impuesto por producir CO2 es una idea genial para la izquierda ecologista y progresista, porque las industrias que lo produzcan en gran cantidad aliviarán sus conciencias asumiendo la penitencia de su pago, y los ecologistas y los gobiernos de izquierdas que los sostienen obtendrán una fabulosa cantidad de dinero, lo que les permitirá aumentar su influencia en la sociedad y al mismo tiempo costear una metódica campaña propagandística para cuyo mantenimiento es necesario comprar la voluntad de miles y miles de periodistas y garantizar la prosperidad de sus medios. Ese impuesto servirá además para financiar estudios interesados, comprar voluntades, promocionar a los amigos y silenciar a los enemigos, en fin, para hacer todo aquello que los políticos de izquierdas hacen con toda naturalidad en beneficio propio pero con el dinero de los demás.

El único requisito, además previo, para que todo este fenomenal montaje funcione, es que el CO2 sea efectivamente un gas contaminante, pero esto también se puede hacer por decreto como tanto les gusta a ciertos políticos, y de esta forma la Organización de las Naciones Unidas, que es el organismo en donde nació esta idea, definió el cambio climático en el año 1988 de esta manera:

> *"El cambio climático hace referencia a los cambios a largo plazo de las temperaturas y los patrones climáticos. Estos cambios pueden ser naturales, pero desde el siglo XIX, las actividades humanas han sido el principal motor del cambio climático, debido principalmente a la quema de combustibles fósiles, como el carbón, el petróleo y el gas, lo que produce gases que atrapan el calor."*

En la definición se dice que los cambios "pueden" ser naturales, pero a continuación establece que desde el siglo XIX no es así y la causa es la que a la ONU le interesa; sin más. Intelectualmente es una definición vergonzosa, es demagogia en estado puro.

Pero es demagogia activa, porque al mismo tiempo la ONU pone en marcha un organismo creado a partir del Programa de la Naciones Unidas para el Medio Ambiente (reducto ecologista-izquierdista), denominado Panel Intergubernamental para el Cambio Climático, PICC, cuyo objetivo fundacional es, textualmente:

> *"Concentrar la información científica disponible sobre el cambio climático, determinar las consecuencias ambientales y sociopolíticas del calentamiento y formular estrategias de respuesta al mismo."*

Esta declaración es otro monumento a la demagogia, primero porque la ONU decide que existe un "cambio climático" y lo define a su conveniencia y a continuación crea un organismo para demostrar que existe. ¿Qué significado tiene la frase: "concentrar la información científica disponible sobre el cambio climático"? ¿Qué sucede con la información científica desfavorable al objetivo que se persigue?

De hecho, la propia creación de PICC es un acto de total manipulación política de la ciencia y de falsificación interesada de la información. Si no existiese "cambio climático" sino simplemente "cambio de clima", la existencia del PICC sería un absurdo, así que lo primero es demostrar el "cambio climático" y esto se hace primero por decreto y luego pagando a 2.000 científicos para que "sostengan" esa afirmación. Sin embargo, una verdad científica no tiene que ser sostenida por nadie, se sostiene a sí misma, lo que es necesario sostener es la falsedad, el engaño, el fraude.

Con todo esto, el cambio del clima pasó a ser cambio climático, y el calentamiento de la atmósfera pasó a ser producido por el hombre, no porque el clima se encuentre en un proceso de calentamiento interglaciar, sino por la maldad de unos pocos. Es inaceptable culturalmente que un tema tan tremendamente complejo como el cambio del clima en la historia de la Tierra, que llevaba relativamente pocos años estudiándose y en el que intervienen numerosos factores geofísicos, e incluso astronómicos de gran importancia, y del que se han obtenido resultados contradictorios, la ONU decida por su cuenta e imponga ante la opinión pública por su peso, que es causado por la actividad humana a partir del siglo XIX.

¿Cómo es posible tal atropello intelectual? La respuesta es muy sencilla: la ONU y el PICC, son organismos políticos, y los políticos deciden cómo ha de ser la realidad que les interesa. Una vez establecida la misma, se contrata a los científicos necesarios para "sostenerla". Esto significa politizar la ciencia, algo aberrante desde un punto de vista científico, pero natural en la izquierda que pretende politizarlo absolutamente todo, la educación, el derecho, la cultura, la forma de vida, todo.

El resumen es sencillo: el mundo científico sabe que el clima está en un proceso de calentamiento, pero la gran masa de la población, no. Entonces interviene la ONU y lanza al mundo un aviso: El clima se está calentando por culpa del CO2 producido por la industria y el transporte. Como la masa de la población comprueba que es verdad que el clima se calienta, acepta también como verdad que la causa es el CO_2, y lo que es más grave: acepta el pago de un impuesto absolutamente demagógico.

***

En el año 2007 yo trabajaba desde hacía 25 años como periodista especializado en el mundo del motor y el tema de la contaminación producida por los automóviles me interesaba extraordinariamente. Desde mi postura de observador e informador, fui a lo largo de esos años comprobando como poco a poco el anhídrido carbónico, el gas más importante de toda la atmósfera para la Naturaleza, se iba convirtiendo primero en un posible contaminante, después en un probable contaminante y luego en un absoluto contaminante. Sin embargo, esto último chocaba frontalmente con mis conocimientos de química, biología y geofísica.

La vida animal consiste químicamente en un proceso de oxidación de materia orgánica, nuestros alimentos, gracias al oxígeno presente en la atmósfera, con lo que se obtiene calor por una parte y un residuo gaseoso (CO_2 o anhídrido carbónico) por otra. Que el gas que producimos los seres humanos (y el conjunto de todos los animales de la Tierra) al respirar sea un contaminante está fuera de toda lógica y suena sencillamente como un disparate.

Por otra parte el propio origen de la vida sobre nuestro planeta reside en el CO_2. Si no hubiera existido abundante CO_2 en la atmósfera primitiva de la Tierra hace 3.800 millones de años, la vida no hubiera aparecido tal como la conocemos. Básicamente la vida consiste en la creación de materia orgánica a partir del CO_2

atmosférico, del agua y de la energía de la radiación solar. Ese proceso se inició en un pasado remoto y continúa en la actualidad y son las plantas las que lo llevan a cabo tomando CO2 del aire (respirando CO2), creando materia orgánica (de la que los animales se alimentan), y produciendo como residuo oxígeno. Que un gas esencial en el proceso de la vida, que el gas que respiran las plantas creadoras de vida, sea un contaminante, me resulta desde un punto de vista naturalista, un disparate absurdo.

Finalmente, aunque mis conocimientos de geofísica no sean muy grandes, soy consciente de que la cantidad de CO2 presente en la atmósfera, la cantidad del gas más importante para la Naturaleza, es muy pequeña. El CO2 es un gas no solamente valioso en el proceso de la vida, sino a demás escaso, porque únicamente el 0,038% de la atmósfera en peso está compuesto por este gas. Si las plantas y los árboles de la Tierra siguen tomando CO2 del aire y fijándolo en el suelo, esta cifra se hará cada vez más pequeña en un futuro a largo plazo y la vida vegetal se paralizará por falta de CO2 para respirar, los bosques desaparecerán. El CO2 que hoy producimos los seres humanos debido a nuestra industriosidad (por otra parte tan natural como el que los leones se coman a los ñus), formaba parte hace millones de años de una atmósfera más rica en anhídrido carbónico. A lo largo de todo ese dilatado tiempo las plantas fueron extrayendo CO2 del aire para crear materia orgánica y pasando luego al suelo el carbono de la misma. Quemar combustibles es devolver ese CO2 a su lugar de origen y al mismo tiempo es enriquecer la atmósfera con el gas del que se alimentan los árboles, por lo que cuanto más CO2 exista en esta, mejor y más rápido crecerán los últimos con lo que los bosques en lugar de desaparecer poco a poco, como sucede en estos momentos, ganarán en extensión de forma natural. ¿Es malo el CO2 para la Naturaleza? ¿Es un contaminante? Pensarlo siquiera resulta ridículo. Las anteriores consideraciones me llevaron a investigar más a fondo la relación entre automóvil y CO2 y las causas o los motivos existentes para que el mundo ecologista colgara al CO2 la etiqueta de "contaminante". Por otra parte, si un pequeñísimo incremento de CO2 en el aire pudiera ser ligerísimamente perjudicial para las sociedades humanas, ese pequeño incremento resultaría beneficioso para todos los bosques del planeta. Hay que tener en cuenta que se calcula que en el mundo hay entre 100 y 150 árboles por cada ser humano. En beneficio de esos árboles perfectamente se puede asumir un pequeño perjuicio para nosotros, pero es que ni siquiera sería tal, porque los beneficios que esos 100 o 150 árboles nos devolverán lo compensa con creces.

Todas estas ideas las plasmé a lo largo de los años 2007 y 2008 en un libro sobre el CO2 y el automóvil que se publicó el 2009. Tengo que decir que el libro, con gran dolor de mi corazón, fue un absoluto desastre editorial. Lógico, los resultados y conclusiones del mismo no coincidieron para nada con la doctrina oficial ecologista e izquierdista, y en esos momentos, en el año 2009, la sociedad estaba entregada en los brazos de los ecologistas a los que había firmado un cheque en blanco. A nadie le gusta que le corrijan o que le lleven la contraria, menos aún que le cuenten cosas desagradables, y muchísimo menos que encima le digan que le están engañando y tomando el pelo, y, para colmo, timando.

Como dato curioso acerca de la postura de la sociedad en esos momentos, de mis compañeros periodistas en prensa escrita, radio o televisión, no hubo ni uno, que publicara una reseña del libro. Pero las cosas cambian y las sociedades también. Hoy percibo a mi alrededor un ambiente de cansancio, de falsedad, de hastío incluso frente a la marea ecologista, por lo que he decidido insistir nuevamente con mi libro que a continuación presento casi tal cual como se escribió hace 14 años. Se podría pensar que en este tiempo se ha quedado desfasado, pero no es así en absoluto, e incluso hoy resulta mucho más interesante aún porque pone en evidencia como nuestra sociedad, nuestra cultura y nuestra economía, pueden ser manipuladas y estafadas.

Introducción

La proporción de anhídrido carbónico en la atmósfera en relación con el resto de los demás gases es del 0,038%. En realidad, hay poquísimo CO2 y este es un gas francamente escaso. Tan escaso como valioso. Nosotros, los animales llamados superiores, respiramos oxígeno, pero en nuestra atmósfera el 20,86% de la misma lo forma este gas. Tenemos mucho oxígeno, más de la quinta parte del aire que nos rodea es oxígeno y sin embargo solo tres con ocho diez milésimas partes son de CO2.

¿Qué tiene esto de particular?

Pues en primer lugar, que todo ese oxígeno que hoy respiramos los humanos estaba en el pasado combinado con el carbono, formaba parte del CO2 primitivo, y las plantas lo han liberado. En segundo, que nosotros, los animales superiores que respiramos oxígeno, somos en realidad parásitos. Somos seres vivos, sí, pero no creadores de vida, la vida la crean las plantas y estas dependen de ese valioso y escaso gas. Las plantas respiran anhídrido carbónico (CO2), y sin este gas no habría plantas y sin plantas no habría animales, y, por supuesto, no existiríamos nosotros, que somos auténticos y genuinos animales. Por eso, porque somos animales que respiran oxígeno, nos encantaría y nos resultaría muy cómodo que en nuestra atmósfera hubiera más oxígeno y menos CO2. Claro que, en ese caso, los árboles vivirían mucho peor. Sí, que lástima, pero no tendríamos que vivir bajo la terrible amenaza del cambio climático.

El CO2, mucho o poco, puede ser bueno o malo para nosotros, los seres humanos, pero de lo no cabe la más mínima duda, es de que es maravilloso para la Naturaleza. Esto no es una afirmación, es simplemente una constatación de la realidad, y como tal ni siquiera se puede poner en duda. La vida en nuestro planeta tiene más de tres mil millones de años de antigüedad y comenzó gracias al CO2 y a la energía de la luz solar. Sin esas dos cosas, no existiría la vida tal como la conocemos.

Tres mil millones de años, son muchos años, sobre todo teniendo en cuenta que nuestra propia historia no abarca mucho más de medio millón. Somos unos recién llegados, pero nos sentimos con derecho a llevarle la contraria a nuestra propia madre Naturaleza, y disputar a sus criaturas, los árboles por ejemplo, el gas que respiran. Los árboles, sí, los verdaderos dueños de nuestro mundo, porque hay aproximadamente 140 árboles por cada ser humano, y porque colonizaron la Tierra hace aproximadamente cuatrocientos millones de años, y porque además son los que han creado el suelo fértil del que vivimos. Unos árboles que, por cierto, de no haber existido, tampoco habríamos existido nosotros, dado que nuestra evolución dependió de ellos.

Realmente, se hace difícil aceptar que el gas que respiran los árboles, el gas del que dependen, el gas del que nació la vida, el que producimos nosotros mismos al respirar y devolvemos por ello a la atmósfera (tremendamente importante este concepto de devolución) sea un contaminante, pero así nos lo está contando desde hace veinte años (por increíble que parezca) el Panel Intergubernamental para el Cambio Climático (PICC), auspiciado por la ONU y avalado por cientos o miles de firmas de científicos comprometidos. Lo que no está muy claro es si se trata de científicos comprometidos con la ciencia, comprometidos con los intereses del PICC, o comprometidos con la divulgación de ideas políticas de izquierdas.

El CO2, el anhídrido carbónico tan denostado y parece ser que tan peligroso, es muy importante en nuestras vidas y en toda la vida vegetal que nos rodea y nos soporta. Merece la pena examinar con decisión, con toda tranquilidad y sin ningún pudor, nuestra relación con este gas en el día a día, incluso haciéndolo desde el punto de vista más desfavorable; o, si se quiere, más criticable (aunque sería mejor decir que más criticado), precisamente por ese colectivo de cientos y cientos de científicos al servicio del PICC; el automóvil.

Cada vez que ponemos en marcha el motor de nuestro vehículo, sea de gasolina o diésel, lo que literalmente estamos haciendo es encender una hoguera. Los motores de combustión interna de nuestros vehículos queman combustible y utilizan la energía calorífica del mismo para transformarla en energía mecánica con la que crear movimiento. Lo que hacemos al arrancar el motor de un coche es algo muy parecido a lo que hacían nuestros antepasados cuando para combatir el frío se acercaban a una hoguera para aprovechar en beneficio propio una parte del calor generado por la madera de la misma al quemarse. Lo que sucede en nuestro caso, es que como conductores no somos muy conscientes de la cantidad de madera que quemamos. Para un automóvil de tipo medio, con un motor de alrededor de 100 CV y que produce una cantidad de CO2 de 180 gramos por kilómetro, la cantidad de leña equivalente que se consume circulando a 120 km/h es de bastante más de medio kilo por minuto. Nuestra hoguera no es simplemente un pequeño fuego, no, es una hoguera importante que en un viaje de cuatro horas quema más de 120 kilos de leña, lo que por su parte significa que en ese mismo tiempo producimos 86,4 kilos de anhídrido carbónico que pasa a la atmósfera. Ese es más o menos el peso de un conductor o de un viajero (un poco grueso, desde luego), que en forma de gas pasa al aire como consecuencia de la combustión de la gasolina o gasoil necesarios para hacer un viaje de aproximadamente 480 kilómetros. Si por otra parte queremos hacernos una idea del volumen de gas que nuestra hoguera ha generado, la cifra es de 42.073 litros, es decir aproximadamente el volumen de una amplia habitación de 4 por 5 metros de superficie.

Las cifras de la cantidad de CO2 producido por los automóviles, son tan importantes que no podemos quedarnos indiferentes frente a las mismas por la sencilla razón de que no se trata simplemente del gas que produce nuestro propio vehículo, sino que tenemos que pensar en lo que añade el del segundo coche familiar, los de nuestros amigos, vecinos, conciudadanos, etc. etc. Somos millones de personas los que cada día encendemos nuestra particular hoguera sin ser prácticamente conscientes de ello, y nuestra acción, que de forma individual puede carecer de trascendencia para nuestro entorno natural, vista en su conjunto nos obliga a reflexionar sobre la huella que dejamos en nuestro entorno al caminar. Pienso, por otra parte, que esta reflexión debemos hacerla sin prejuicios de ningún tipo y sin colocarnos a nosotros mismos en lo alto de la escala biológica. La autoconsideración de reyes de la creación tenemos que dejarla por completo olvidada, por mucho que alague nuestra vanidad y por mucho que religiosamente sea una idea muy atractiva. Nos vemos a nosotros mismos como seres privilegiados y vemos, por ejemplo, a las langostas, como una plaga. No, las langostas son tan naturales como nosotros mismos y por nuestra parte podemos ser tan plaga como ellas son. En cualquier caso, tanto nosotros como las langostas, somos un fenómeno absolutamente natural. Sin embargo, al pensar en el abandono de los prejuicios, no me refiero al de unos determinados para adoptar otros tomados desde una perspectiva diferente (y normalmente opuesta a la anterior). No, abandonar prejuicios significa partir de cero y examinar con espíritu crítico toda la información que nos llega.

Consciente de que nuestro inocuo proceder como individuos aislados, puede resultar que no lo sea tanto al considerar nuestra acción en conjunto, y que incluso seamos un verdadero problema para la naturaleza que nos soporta y especialmente preocupado por el posible impacto medioambiental que puede tener el uso generalizado de millones de automóviles, y el posible daño que esto pueda causar a la Naturaleza que nos ha creado, presto especial interés a las noticias de cualquier tipo que me llegan a través de los medios de comunicación y una de ellas (utilizada como argumento por un concienciado activista ecologista, avalado por la firma de 2.000

científicos), me llena de sorpresa y me invita a reflexionar apartándome de lo que podríamos llamar corrientes de opinión establecidas.

La cifra que ha llamado poderosamente mi atención es la empleada en medios comprometidos con las políticas de reducción del CO2 referidas al sector del automóvil a nivel mundial: según estas, el número de vehículos que hay en estos momentos en circulación en el mundo entero (estoy escribiendo esto a principios del año 2008), es decir el número de coches que se mueven cada día, que producen CO2 al hacerlo como gas residual, y que añaden ese CO2 a una atmósfera que los ecologistas apriorísticamente suponen saturada del mismo, es de 2.000 millones. No es una cantidad empleada ocasionalmente por un comentarista, me ha llamado la atención el que es sistemáticamente repetida y aceptada como cierta y que cuenta con lo que podríamos llamar "el aval ecologista". Soy periodista del motor desde hace muchos años, y tengo un especial interés por su historia. Conozco las cifras de producción mundial de automóviles y esos 2.000 millones de automóviles circulando cada día me chirrían.

Según la publicación que para mí tiene más prestigio en cuanto seriedad y objetividad en su información, la revista suiza "Revue Automóvil" que todos los años publica un catálogo estadístico que es la verdadera Biblia estadística de los periodistas del motor del mundo entero, la cantidad total de automóviles que se han fabricado en toda la historia de la automoción desde que el señor Benz solicitó la patente de su primer vehículo y lo condujo su mujer una vez construido, hasta el año 2008 en que se escriben estas líneas es de 1.583 millones de automóviles, lo que significa 417 millones menos de los que supuestamente circulan cada día por las carreteras y caminos de todo el planeta. Evidentemente, de esos 1.583 millones de automóviles fabricados, es lógico pensar (más bien es evidente) que únicamente una parte sigue en circulación, porque pensar en que todos los coches de los años, veinte, treinta, cuarenta, cincuenta, e incluso sesenta y setenta, sigan funcionando, es sencillamente absurdo.

Como dato interesante, en el año 1999 la misma revista suiza calculó que el parque mundial de vehículos de turismo, breaks y minivans, con capacidad de funcionar en ese momento (lo que no significa que se muevan todos los días, sino que simplemente eran capaces de moverse, que es algo que haría solo una fracción de los mismos), habría alcanzado la cifra de 500 millones de unidades, aunque la cifra real del número de los que lo hicieran a diario sería muy inferior. Personalmente he realizado el cálculo del número de turismos que podían estar circulando en el año 2007 con una media anual de 10.000 kilómetros recorridos, y la cifra que he obtenido (que no creo que tenga más de un 10% de error en más o menos) es de 600 millones de unidades, de los que diariamente solo circularían un tercio, es decir 200 millones de unidades, lo que significa la décima parte de la cifra avalada por el colectivo ecologista.

La diferencia entre los datos (del año 2008) muy fiables que estoy manejando, y los suministrados por este colectivo, es de nada menos que de 1.800 millones de vehículos. A la vista de los mismos una cosa me queda perfectamente clara: las fuentes de información comprometidas con el movimiento ecologista no me resultan fiables, utilizan cifras falsas y manipuladas interesadamente. El problema del anhídrido carbónico emitido por los tubos de escape de los automóviles que circulan por el mundo entero, me parece enormemente serio y no puedo considerarlo fríamente dando por buenos datos como los que he comentado anteriormente. Para ver el panorama que me interesa, tengo que mirar por otras ventanas y esto me lleva a una reflexión más profunda.

Mirar por la ventana es un ejercicio que parece de lo más simple y sencillo. Responde a la curiosidad universal por saber lo que hay al otro lado del cristal, o en un concepto más amplio, fuera de nuestra casa, de nuestra burbuja o de nuestro entorno particular, tanto físico como cultural. Sí, mirar por la ventana parece algo muy normal, pero precisamente por serlo, casi nadie lo hace. Creo que esto último tiene una explicación.

Hace años conocí a una anciana en Úbeda que con los 95 cumplidos y por culpa de una demencia senil, había retrocedido 60 años en el pasado hasta el momento en que tenía 35. Si le preguntabas por sus padres, habían salido o estaban en el piso de arriba; sus hermanas, estaban en Baeza; sus amigas, cada una en su casa y siempre a punto de visitarla al día siguiente. Todo en su mente lo tenía perfectamente encajado para volver a vivir en los años treinta del siglo veinte y tenía respuestas para todo. Para todo menos para una cosa: la televisión. La buena señora veía la tele todas las noches y yo estaba verdaderamente intrigado por saber de qué forma la anciana había encajado este invento electrónico en su mundo del año 1935. Por ello, sin más, le pregunté que qué era ese aparato que tenía junto a la pared.

—Es una ventana —me dijo—, una ventana que da a casa de los vecinos. Son muy amables, todas las noches me hacen guiñol y me cuentan cómo es el mundo.

Sí, efectivamente, a casi todo el mundo le sucede lo que a la anciana de Úbeda, la ventana a la que nos asomamos no es la nuestra, es la de unos vecinos, y lo que vemos al otro lado no es lo que queremos ver, sino lo que los vecinos quieren enseñarnos (y como periodista esto lo puedo decir con perfecto conocimiento de causa). Y lo curioso es que —al igual que la anciana andaluza— casi nunca nos damos cuenta de que no miramos por una ventana auténtica. En el fondo, nos encanta el engaño; nos encanta y nos divierte. La verdad es que el guiñol es genial, sobre todo cuando lo muñequitos van corriendo detrás de un balón o pilotando como demonios unos coches que van a una velocidad que parece imposible. Sí, esas ventanas son geniales, pero el mundo que a su través percibimos no tiene nada que ver con la realidad: es el mundo que los vecinos nos quieren contar.

Al final, algo en apariencia tan sencillo como asomarnos a la ventana y mirar el mundo que hay al otro lado del cristal, es mucho más complicado de lo que parece. A mí, en particular, me encanta contemplar la Naturaleza, pero me resulta muy difícil hacerlo y ver la realidad de la misma, porque los vecinos no tienen una sino muchas ventanas y a través de las mismas me están bombardeando con la información que les interesa, con su “interpretación de la Naturaleza”. Por otra parte, los interpretadores se sienten orgullosos de su misión y no admiten (ni siquiera comprenden) la más mínima crítica. Vamos a ver; lo que ellos hacen es concienciar al espectador. ¿Es que hay algo más importante en este mundo? ¿Vamos a dejar que cada cual piense individualmente como le dé la gana, que interprete la Naturaleza a su gusto? No, por supuesto que no, los que miren por la ventana tienen que ver todos el mismo paisaje y sentir todos lo mismo; en una palabra, actuar como un único "colectivo", de forma medida y controlada y con arreglo a la interpretación que se les ha dado, la interpretación de la autoridades en la materia, por supuesto.

Sí, la interpretación de la Naturaleza está de moda, pero a mí, particularmente, no me convence. Presupone que el espectador tiene tan poco nivel intelectual que necesita que le interpreten lo que ve. No que se lo cuenten y que él saque luego sus propias conclusiones, ni mucho menos que se lo expliquen, lo que significaría dejarle una cierta capacidad intelectual personal. No, se le priva de todo asomo de propia personalidad y se le interpreta lo que ve con arreglo al modelo de los líderes de opinión.

Nada me sorprende más que llegar a un parque natural de gran valor (normalmente una anterior Reserva Nacional de Caza a la que se ha cambiado el nombre, todo hay que decirlo), y encontrarme con un Centro de Interpretación de la Naturaleza de … patatín. Lo respetuoso con el visitante es que fueran centros de información, o quizás centros de explicación, o de divulgación si suponemos que los visitantes del parque tendrán un nivel cultural mínimo. En último caso podrían ser centros de orientación, e incluso de educación si suponemos que los visitantes lo tendrán bajo, pero definirlos como centros de "interpretación" presupone que el espectador tiene capacidad nula intelectualmente hablando (cosa que por otra parte y por desgracia, quizás sea cierta para su modelo ideal y estándar de visitante).

Este libro es el resumen de lo que el autor ve respecto del automóvil y el CO2 cuando mira por su propia ventana y deja a un lado las "interpretaciones", sean estas del sentido que sean. Porque —aunque no se lo crean los interpretadores, e incluso lo consideren extraño y antisocial— hay gente a la que le gusta sacar sus propias conclusiones y a la que aceptar que por el mundo circulan cada día a principios del año 2008, 2.000 millones de automóviles, cuando en toda la historia de la automoción solo se han fabricado 1.583 millones, le parece como comulgar con ruedas de molino. Por supuesto, respeto muchísimo la opinión de los vecinos, la valoro y la critico, pero respetar no es lo mismo que aceptar y por ello prefiero mirar por mí mismo, tomarme la molestia en lugar de confiar en los líderes de opinión, y dirigir en una palabra mi vista a lo que me interesa percibiendo mi propia realidad.

Mi opinión será particular, sí; será limitada, sí; será parcial, sí; carecerá de respaldo y garantías, no. No rechazo por sistema las opiniones de los vecinos y mucho menos su información, lo que no doy por sacrosantas son sus cifras y su "interpretación" de las mismas y soy consciente de que además de la suya, hay otras muchas ventanas a las que asomarse que proporcionan incluso una información mejor y en cualquier caso más veraz. Existe una gran diferencia entre la información ofrecida y la información buscada. Tiene mucho más valor la segunda porque la primera siempre está bajo sospecha de estar constituida como propaganda. No hace falta ser periodista para comprender lo fácil que es manipular la información y lo mucho que esta se manipula. Tal es así, que vivimos en un mundo en el que prácticamente toda la que nos llega "gratuitamente" es información interesada. No, la información es mejor buscarla que recibirla, y este mensaje lo transmito a almas gemelas, porque quien lea este libro es porque precisamente está buscando información.

También quiero dejar claro que mi mirada no es la de un científico ni un investigador, sino la de un hombre de la calle, un periodista y en todo caso un enamorado de la naturaleza. No soy una persona comprometida con movimientos culturales ni políticos ninguno y siento interés por la Naturaleza en su conjunto, no solamente por las aves o los animales salvajes, y considero, por otra parte, que nuestra naturaleza humana forma parte del mismo. Por ello, que un corzo defeque en un bosque me parece algo completamente natural, e igualmente me lo parece el que defeque un dominguero. La diferencia está en que el dominguero es un animal inteligente (o al menos debería de serlo) y por ello tiene la obligación de hacer un pequeño agujero en el suelo y esconder dentro sus heces para que estas no molesten a otros domingueros que vendrán el siguiente fin de semana y querrán disfrutar del mismo bosque.

Creo que el hombre forma parte de la naturaleza y que lo que hace es lo más lógico del mundo. La industriosidad humana es algo completamente natural, y por ello también lo son las industrias fruto de la misma, que no pienso que sean malignas en sí mismas, aunque, como en el caso del dominguero, debemos tener consciencia de que nuestros residuos pueden ser molestos, y no solo para el resto de los miembros de nuestra especie, sino para la propia Naturaleza en su conjunto. En la historia de nuestra evolución cultural, la lucha contra el entorno ha sido una constante (aún lo sigue siendo para una parte importante de la población que vive bajo mínimos), pero ese concepto de enfrentamiento con la Naturaleza por la supervivencia, ya no es necesario porque hemos vencido en la batalla y hemos derrotado a un rival con el que para sobrevivir lucharon miles y miles de generaciones antes que nosotros. De lo que se trata hora, es de no dar muerte al vencido, y eso es algo que debe hacerse con lógica e inteligencia, no con propaganda y demagogia.

Hoy, en todas sus ventanas nos cuentan los vecinos que los automóviles de todo el mundo (y el de cada uno de nosotros en particular) producen cantidades ingentes de CO2, anhídrido carbónico, y que este es un gas contaminante, un peligro. Nos cuentan también que está cambiando el clima por su culpa, nos cuentan que por el CO2 se derriten los hielos de nuestro planeta, desaparecen los glaciares y subirá el nivel del mar de forma catastrófica en los próximos años. Son afirmaciones importantísimas, trascendentes para todos nosotros, pero también sorprendentes, revolucionarias incluso; su aceptación puede cambiar nuestras vidas y nuestra economía. El automóvil es precisamente un importantísimo productor de CO2 y la aceptación de que este gas es un contaminante es tan fundamental para todos nosotros, que no podemos aceptar alegremente opiniones que no estén contrastadas de forma universal por el mundo de la ciencia, sin que todos y cada uno de nosotros podamos comprobar que son rigurosamente ciertas. Que el CO2 sea un contaminante significa una verdadera "revolución cultural y económica", pero mucho más aún una "revolución natural" que choca con el orden de las cosas desde hace miles de millones de años. Con toda franqueza, antes de aceptarla no está de más echar un vistazo por otras ventanas, no las de los vecinos, sino las que nosotros mismos queramos seleccionar, ventanas no comprometidas, con información objetiva, sin intereses y sin ideales propagandísticos detrás.

¿Cuáles son estas? Pues las ventanas que están al alcance de todo el mundo. Los datos que utilizo en este libro no son el resultado de últimas y avanzadísimas investigaciones publicadas en círculos muy cerrados (sólo ocasionalmente cito algún trabajo de este tipo y bien conocido, por otra parte). Mis fuentes de información son los libros de texto de bachillerato, las enciclopedias como el Espasa, Larousse o la más de moda ahora Wikipedia. No empleo cifras cabalísticas ni argumentos sofisticados, soy un hombre de la calle y uso datos que están en la calle y al alcance de cualquiera. Como he comentado antes, esta no es la visión de la revolución del CO2 de un científico, sino el punto de vista de un ciudadano normal y corriente y creo que esta visión también puede ser interesante para otros muchos ciudadanos como yo.

Pues bien, asomémonos a la primera ventana: la del CO2, conozcamos ante todo el gas que producen nuestros automóviles de forma masiva y en principio preocupante.

Ventana primera

Historia del CO_2

Ya que estamos tan preocupados por el CO_2 (anhídrido carbónico), lo que en primer lugar necesitamos es conocer este gas y de donde procede. La historia es interesante y entretenida, porque el origen de un gas que hoy se considera como un contaminante está sin embargo estrechamente unida a la historia de la propia Tierra y al origen de la vida sobre ella. La primera evidencia de esta que se tiene sobre nuestro planeta son los restos fósiles de microorganismos unicelulares que poblaron nuestros primitivos mares hace aproximadamente 3.500 millones de años. La historia de la vida es por ello vieja, mucho más vieja de lo que normalmente se piensa, sobre todo porque la formación de la propia Tierra se remonta únicamente 1.000 millones de años atrás. Según esto, nuestro planeta ha sido un mundo muerto y sin viva orgánica únicamente durante un 22% de su tiempo (hablando siempre en cifras correctas pero aproximadas). Durante el 78% restante de la existencia de nuestra querida Tierra, la vida ha formado parte de su historia y en esa vida el anhídrido carbónico ha tenido un protagonismo destacado, ha sido esencial.

La Tierra, al igual que el resto de los planetas solares, se formó por la atracción entre sí de masas de mucho menor tamaño e incluso de polvo estelar, en un proceso físico que se describe como acreción: es decir crecimiento de un cuerpo por elementos que se le van agregando. Este proceso no se ha detenido en el momento actual y aún cada día caen sobre nuestro planeta miles de pequeños objetos. La mayor parte de ellos son micrometeoritos y polvo que ni siquiera percibimos en su caída. Muchos son de pequeño tamaño pero llegan hasta nosotros a gran velocidad y al rozar con la atmósfera se ponen incandescentes y dejan un rastro luminoso a su paso. Meteoritos con tamaño lo bastante grande como para no desintegrarse en el aire llegan muy pocos, pero incluso esos pocos son miles cada año.

El espacio que nos rodea hoy está casi vacío pero hace más de 4.500 millones de años nuestro entorno estaba materialmente lleno de objetos de todos los tamaños a los que la fuerza de la gravedad fue juntando unos con otros. Algunos de ellos tendrían cientos de kilómetros de diámetro, otros solo decenas y la mayoría serían de pequeño tamaño, pero su proceso de unión fue relativamente rápido y muy violento, por lo que la energía depositada sobre la Tierra por sus impactos resultó enorme. La fórmula que nos da la energía cinética de un objeto en movimiento es un medio del producto de su masa por el cuadrado de su velocidad. El choque contra el núcleo de la Tierra de objetos con una masa de miles de millones de toneladas y a gran velocidad, calentó intensamente su superficie porque en el momento del impacto toda esa energía cinética se transformó en calorífica.

En las primeras fases de su formación la Tierra no era por ello un bloque sólido y frío en el espacio, sino una gigantesca pelota ardiente y viscosa en cuyo seno los diversos materiales podían fluir, lo que permitió que los más pesados se concentraran en el núcleo y los más ligeros se quedaran formando capas exteriores a estos. Este movimiento interno de concentración de los materiales más densos en el interior del planeta tuvo dos consecuencias físicas: la primera es generar aún más calor, con lo que la temperatura de la Tierra se calcula que debía de aproximarse a los 6.000 Cº; la otra es que esa gigantesca pelota que ya estaría girando sobre sí misma, aceleró su velocidad de rotación por el principio de conservación de su propia energía cinética (por el mismo fenómeno que una patinadora gira a gran velocidad sobre sí misma cuando al iniciar un giro con los brazos abiertos los cierra luego). Al mismo tiempo que la Tierra aceleraba su velocidad de giro o acortaba sus primitivos días (que podían ser un tercio más breves que los actuales), las partes más exteriores de la misma se vieron sometidas a una creciente fuerza centrífuga, y como resultado de esas diversas fuerzas la Tierra quedó constituida por un núcleo denso de hierro y níquel, otro núcleo menos denso de hierro líquido, un manto formado por minerales menos pesados, una corteza exterior endurecida y enfriada por la pérdida de calor consecuente de la propia radiación de la Tierra, y una última capa formada por los materiales más ligeros de todos, los gases.

Se piensa que el proceso de aglomeración de los materiales dispersos en el espacio que dieron lugar a nuestro planeta fue en un principio muy rápido, solamente duró unos 10 millones de años, una cifra sorprendentemente baja para el profano y casi contra la lógica, que nos lleva más bien a pensar que la Tierra se formó poco a poco en un proceso lento de crecimiento a lo largo de cientos y cientos de millones de años. De todas formas, ese proceso no terminó de forma brusca (ya hemos comentado que aún hoy día continúa) y a lo largo de los siguientes 100 millones de años (siempre con cifras orientativas) continuaron cayendo y sumando sus masas y su energía objetos de gran tamaño.

Planeta sin atmósfera

¿Tenía ya entonces la Tierra una atmósfera? Se supone que no, o al menos no como la conocemos en el momento actual. La gran temperatura de la superficie terrestre, acrecentada por el hecho de que sobre la misma es donde se producían los impactos y tenía lugar la absorción de calor generado por estos, y al mismo tiempo una velocidad de giro muy rápida con una fuerte fuerza centrífuga, debieron impedir la presencia de una atmósfera estable, aunque probablemente alrededor de la superficie habría una cierta cantidad de gases incandescentes que estarían escapando hacia el espacio.

En el momento de su nacimiento la Tierra era un planeta prácticamente sin gases. Parece ser que alrededor del Sol los materiales que terminaron por formar su sistema planetario se agruparon según su propia masa y los elementos más ligeros (que al mismo tiempo eran los más abundantes), como el hidrógeno y el helio, se desplazaron hacia el exterior o simplemente no se acercaron al propio núcleo del Sol, que a su vez está compuesto esencialmente por estos dos gases. Los cuatro primeros planetas, Mercurio, Venus, la Tierra y Marte, son sólidos, mientras que Júpiter, Saturno, Urano, Neptuno y Plutón (yo lo estudié así en el bachillerato y a Plutón todavía no lo han quitado de las enciclopedias, así que lo sigo considerando como planeta), son grandes masas gaseosas. Pero los cuatro primeros planetas ordenados por su distancia al Sol, no solamente son sólidos, sino muy pequeños, y su masa no es suficiente como para generar una fuerza gravitacional que retenga gases tan ligeros como el hidrógeno o el helio. Si en el proceso de acreción de la Tierra se agregaron cantidades indeterminadas de estos gases, se perdieron después por falta de gravedad. Nuestra atmósfera solo se pudo formar con gases relativamente pesados. Además, en los primeros 100 millones de años de vida del planeta, el viento solar debió de barrer su superficie hasta que se formó la última de las capas que posee la Tierra; una capa inmaterial ya que no la forman átomos de ninguna clase, sino energía magnética: la magnetosfera.

Vida frágil

La vida en la Tierra es un verdadero milagro, aunque un milagro muy antiguo y aparentemente determinado. El Sol no solamente emite energía en forma de radiación, sino que también genera lo que se llama "viento solar" que es un flujo de partículas con masa y alta energía que no solamente barría la superficie de nuestro planeta arrastrando las partículas más ligeras, sino que hubiera impedido la aparición de cualquier forma de vida al destruir toda incipiente molécula orgánica. El viento solar está formado por núcleos de helio, protones (que son en realidad núcleos de hidrógeno), y electrones, que son partículas con masa, carga eléctrica y con una gran energía. Hoy, esa radiación rompe las frágiles moléculas orgánicas y hace 4.000 millones de años hubiera impedido su formación. Pero la estratificación de materiales en el interior de la Tierra y el hecho de que gran parte del núcleo esté constituido por hierro líquido, tuvo una consecuencia magnética a escala planetaria. Ese hierro del interior de la Tierra se mueve, y ello genera un campo a su alrededor con la suficiente intensidad como para que se manifieste con fuerza en el espacio que rodea a nuestro planeta. Cuando las partículas cargadas de electricidad que forman el viento solar se acercan a la Tierra, su campo magnético las afecta y las desvía de su trayectoria preservando a la superficie de su bombardeo y evitando que se lleven su atmósfera. El campo magnético terrestre se fue creando poco a poco a medida que se formaba el núcleo terrestre y ese proceso se cree que duró unos 200 millones de años, por lo que también se supone que a partir de ese momento el viento solar dejó de barrer la superficie de la Tierra y con ello comenzó a formarse su atmósfera y a poder iniciarse la vida.

Una Tierra con atmósfera

Aproximadamente 300 millones de años después de lo que se podría llamar el nacimiento del planeta, su atmósfera ya había tomado forma. Esto es, más o menos, hace 4.000 millones de años. Nos queda por comentar cuales eran los gases que la componían, aunque ya hemos avanzado que por su relativamente pequeña gravedad, tenían que ser gases pesados. Estos tuvieron forzosamente que proceder del propio interior de la Tierra o llegar a la misma desde el exterior en el entorno de los numerosos cometas que se han cruzado con ella en su trayectoria. Estos choques o cruces con las colas de los cometas (que en ocasiones tienen longitudes de muchos millones de kilómetros) aportaron sobre todo agua en forma de hielo, que inmediatamente se convirtió en vapor, pero también aportaron otros gases en menor proporción.

La composición exacta de la atmósfera primitiva es objeto de investigación en estos momentos, pero se supone que estaría formada por vapor de agua en gran cantidad (entre otras cosas porque ese vapor dio lugar a los mares cuando la Tierra se enfrió y el agua pudo estar en forma líquida); nitrógeno molecular (N2) que es un gas neutro; anhídrido carbónico (CO2) en gran cantidad también; monóxido de carbono (CO) en menor proporción; más una serie de gases que formarían parte de ella en mucha menor cantidad y con proporciones muy bajas, como el dióxido de azufre (SO2), el sulfuro de hidrógeno (SH2), el amoníaco (NH3), metano (CH4) y oxígeno molecular (O2), proveniente este último de la descomposición del vapor de agua y del CO2 por la acción energética de la luz solar. Se cree con casi absoluta certeza que el CO2 (nuestro contaminante CO2) fue muy abundante en la atmósfera primitiva, de la que formó parte en una proporción muy superior a la actual. Esta es actualmente del 0,038% en peso, por lo que se puede decir que la atmósfera en estos momentos contiene una cantidad muy pequeña relativamente de CO2, y, por supuesto, una cantidad muchísimo más baja que la que tenía la atmósfera en la que nació la vida hace unos 3.850 millones de años.

Una Tierra con vida

En el momento en que la atmósfera se formó, la temperatura en la Tierra era aún bastante elevada y por ello algunos minerales, como la calcita, que contenían carbono y oxígeno en su composición, se descompusieron en gran cantidad dando lugar a enormes masas de CO2 y de CO. Aunque no se sabe exactamente la proporción entre los primitivos gases atmosféricos, se acepta como cifra media que el porcentaje de CO2 pudo ser del 19% (lo que significa aproximadamente 500 veces más del que existe en la actualidad). En esa atmósfera más o menos estabilizada, que experimentaría alteraciones importantes cada vez que un objeto de gran tamaño impactara con la Tierra (cosa que siguió sucediendo aproximadamente durante unos 500 millones de años, cuando incluso la vida ya había aparecido en los mares poco profundos de la primitiva Tierra) el anhídrido carbónico era uno de los gases más abundantes. Salvo fenómenos aislados, como la comentada caída de grandes meteoritos, nada alteró la composición básica de la atmósfera (vapor de agua, anhídrido carbónico, nitrógeno, dióxido de azufre y amoníaco), durante los siguientes 150 millones de años hasta que un fenómeno nuevo vino a alterar el equilibrio de los gases atmosféricos. Ese fenómeno se llamó "vida orgánica" y desde el momento en que la vida se puso en marcha sobre nuestro planeta, esta ha estado alterando la atmósfera y por su parte esta última ha influido sobre la vida, de modo que atmósfera y vida han estado estrechamente relacionados. La vida ha cambiado la atmósfera a lo largo de 3.850 millones de años, y los cambios en la atmósfera han favorecido la vida y su evolución a lo largo de ese dilatado período de tiempo.

Desde que la Tierra se constituyera como planeta, no ha dejado de enfriarse. En los primeros tiempos y cuando estaba sumamente caliente, el proceso de enfriamiento fue muy rápido. Hace 4.000 millones de años, cuando la caída de grandes cuerpos siderales y su aporte de energía se hizo más lenta y ya no alteraba el proceso general de enfriamiento de la Tierra, se iniciaron dos cambios esenciales para que poco tiempo después (en términos geológicos) apareciera la vida. El primero es que al enfriarse la Tierra se formó una corteza sólida sobre la misma; el segundo, que al enfriarse la atmósfera por debajo de los 100°C el vapor de agua comenzó a condensarse y se formaron los primitivos mares, con un agua que ocuparía las partes bajas de una superficie sin grandes elevaciones o las depresiones causadas por los impactos de grandes meteoritos, menos frecuentes que en los momentos de formación de la Tierra pero todavía posibles. Es bastante probable que en los primeros millones de años de existencia de los mares su continuidad se viera interrumpida en más de una ocasión por el impacto de objetos con varios kilómetros de diámetro que temporalmente aportarían tanta energía a la Tierra que los vaporizarían nuevamente. En cualquier caso, esos posibles acontecimientos catastróficos solo tendrían una incidencia parcial en la evolución de la atmósfera y al cabo de unos pocos cientos o miles de años la temperatura volvería a bajar por debajo de los 100°C y el vapor de agua volvería a condensarse en agua líquida. El bombardeo intenso por parte de pequeños planetesimales (planetas diminutos de 10 a 100 km de diámetro) terminó hace 3.500 millones de años, aunque esporádicamente han seguido cayendo grandes cuerpos celestes. Se calcula que la frecuencia actual de caída de objetos con un diámetro del orden de 10 kilómetros es de uno cada 100 millones de años, y como el último cayó hace 65 millones en el Golfo de Yucatán, según el cálculo de probabilidades el siguiente no corresponde hasta dentro de 35 millones de años.

La vida nace del CO2

Nos situamos pues aproximadamente 3.850 millones de años en el pasado. La Tierra tiene ya una corteza sólida aunque mucho más inestable que la actual y con un intenso vulcanismo, existen mares y existe una atmósfera caliente y húmeda formada principalmente por anhídrido carbónico y nitrógeno además de vapor de agua. La cantidad de agua en la atmósfera ha bajado drásticamente en proporción, porque al enfriarse esta, gran parte de la misma se ha condensado. Sería probablemente una atmósfera agitada, caliente, con grades vientos, densa, con mayor presión atmosférica que la actual y probablemente con mucho humo procedente de volcanes y fumarolas. Esta última es una apreciación personal, pero en todo caso se trataba de una atmósfera que dejaba pasar los rayos del sol y que aunque fuera más oscura que la actual, permitía el paso de la radiación más fuerte, la ultravioleta. Esto no sucede ahora porque estos rayos solares, muy energéticos, en la actualidad son detenidos por el ozono (O3) de las capas altas de la misma, pero entonces llegaban íntegramente al suelo dado que no existía apenas oxígeno en la atmósfera ni tampoco ozono que los rechazara (en realidad sí había algo, pero en cantidades muy reducidas).

La primera evidencia sobre la existencia de células vivas sobre la Tierra data de la fecha en la que nos hemos situado: aproximadamente hace 3.850 millones de años. De esa época son los restos fosilizados de productos producidos por el metabolismo de células vivas. Es una prueba indirecta de la existencia de vida, pero no deja lugar a dudas de que en ese momento determinadas algas unicelulares sintetizaban carbono procedente del CO2 de la atmósfera fijándolo en el fondo de mares poco profundos y dejando oxígeno en libertad. Sorprende lo pronto que comenzó la vida sobre nuestro planeta y lo vieja que esta es por lo tanto. Desde que se dieron las mínimas condiciones de estabilidad hasta que aparecieron las primeras células que se reproducían a sí mismas, pasaron solamente unos pocos millones de años, quizás no más de treinta o cuarenta.

De todas formas, si la vida apareció rápidamente, evolucionó luego despacio. Las primeras huellas directas de vida unicelular datan de 3.500 millones de años atrás. Son los restos calcáreos de la actividad de una comunidad de organismos unicelulares conocidos con el nombre de estromatolitos. Constituyen una prueba directa de la actividad de microorganismos que por otra parte son parecidos a los que actualmente forman las barreras de coral. Estos microorganismos realizaron la fotosíntesis, es decir utilizaron la energía del sol y el CO2 de la atmósfera para sintetizar sus propias estructuras orgánicas, liberando con ello el oxígeno contenido en el anhídrido carbónico atmosférico. Esto sucedía hace entre 3.850 y 3.500 millones de años y aproximadamente después de 1.000 millones de años de turbulenta historia geológica. Sobre una Tierra caliente, desolada, hostil, irrespirable para los organismos actuales y abrasada por la radiación ultravioleta, nació la vida basada en el carbono, basada en el CO2, en la transformación de este gas en oxígeno.

El triunfo del CO2

Pero no solamente apareció vida orgánica que tomaba CO2 de la atmósfera, agua del mar y energía de la luz solar, desprendiendo oxígeno en el proceso. También hubo otros organismos que mediante fotosíntesis sintetizaron de la atmósfera sulfuro de hidrógeno (SH2) desprendiendo azufre (es decir, hubo una vida basada en el carbono y otra basada en el azufre), pero no fueron estos últimos los que triunfaron. La selección natural y la adaptación al medio ambiente ya existieron hace 3.500 millones de años y dieron el triunfo a la química orgánica del carbono sobre la del azufre. Si en la atmósfera primitiva hubiera habido una gran cantidad de sulfuro de hidrógeno, en lugar de anhídrido carbónico, la vida sobre la Tierra hubiera seguido otros derroteros. Sería muy curioso e interesante especular sobre la forma en que podría haber evolucionado esa otra vida del azufre (quizás los humanos hubiéramos aparecido de todas formas, pero desde luego seríamos todos como demonios). De cualquier forma, nuestra vida no solamente está basada en el CO_2 atmosférico, sino que se puede decir que la propia vida consiste en un proceso químico de fijación de este gas y de su transformación en materia orgánica por un lado y oxígeno libre por otro. A través de las algas, bacterias y plantas, y mediante la energía de la luz solar, el carbono de la molécula de CO_2 pasó al suelo y el oxígeno a la atmósfera. Ese proceso se inició, como decimos, hace aproximadamente 3.850 millones de años y continuó durante millones y millones de años permitiendo finalmente la aparición de la llamada "vida superior", formada por organismos pluricelulares que utilizan como fuente de energía no el Sol, sino la oxidación del oxígeno (literalmente su quema) para producir un calor que les permitiera vivir.

El anhídrido carbónico, ese gas maldito para el Panel Intergubernamental para el Cambio Climático y en la actualidad universalmente considerado por los ecologistas como un contaminante, es el que ha creado la vida y el que la sigue manteniendo, porque el mundo vegetal continúa creando materia orgánica utilizando la energía de la luz solar y tomando CO_2 de la atmósfera. Esa materia orgánica de primer orden es la que los animales utilizamos para mantener un segundo proceso vital, consistente en tomar el oxígeno atmosférico, combinarlo con el carbono que han fijado las plantas y nosotros hemos consumido y devolverlo a la atmósfera en forma de CO_2. Esto último es muy importante, porque lo que hacemos los humanos con el CO_2 al respirar, e igualmente con otras actividades con las que obtenemos calor de forma sencilla (un calor que buscamos en primer lugar para hacer posible nuestra vida y en segundo para hacerla más cómoda), no es arrojar a la atmósfera nada, es devolver a la atmósfera un CO2 que antes estuvo en ella.

La evolución de la vida ha sido verdaderamente sorprendente. Nació en seguida, pero luego se estabilizó y durante 3.000 millones de años los diversos organismos unicelulares primitivos que la formaban no hicieron otra cosa más que transformar la atmósfera haciendo que perdiera CO2 y ganara O2.

Los primeros organismos complejos multicelulares –algas marinas— aparecieron hace aproximadamente 850 millones de años, cuando ya habían transcurrido más o menos las cuatro quintas partes de la vida de la Tierra. A partir de ellas evolucionaron las plantas, las bacterias, hongos y animales. Se supone que hace unos 600 millones de años comenzó la vida aerobia (que utiliza oxígeno), en el mar. Los primeros anfibios salieron de las aguas hace unos 400 millones de años y los mamíferos de sangre caliente tienen sus orígenes hace 200 millones de años. El triunfo de los mamíferos en la lucha evolutiva se produce cuando heredan la Tierra hace unos 65 millones de años, momento en que comenzaron a extinguirse los dinosaurios (por un cambio climático quizás producido por el impacto del último gran planetésimo que ha chocado con nuestro planeta).

Y todo nació del CO2. Aunque no solamente de este gas, pues el nitrógeno, el amoníaco, el metano producido por los rayos de nuestra primitiva atmósfera y otros gases, también fueron necesarios, pero como comparsas. La vida se basó en el anhídrido carbónico y produjo como residuo oxígeno. La vida superior, nuestra vida, la de los mamíferos de sangre caliente, toma oxígeno del aire y devuelve a la atmósfera (produce a su vez como residuo) anhídrido carbónico. El CO2 es el más natural de los gases, es el verdadero generador de lo que hoy llamamos "Naturaleza". Presentarlo como un contaminante, resulta muy difícil de acepar, es totalmente antinatural. Para la Naturaleza, el CO2 es el mejor de los gases.

Ventana segunda

Evolución del clima

Lo que hemos visto al mirar por la ventana de la historia del CO2, es francamente interesante. Al anhídrido carbónico hoy se le reprocha el que sea un gas contaminante y que su exceso de producción por nuestra parte esté cambiando el clima. El clima y su cambio están pues en el fondo de la cuestión. La terrible amenaza es el cambio climático. Empecemos pues por asomarnos a la ventana del clima y su historia, mucho más accidentada y variable de lo que en principio cabría suponer.

La forma en que los geofísicos estudian las temperaturas de nuestro planeta en un pasado lejano es muy interesante. Se basa en la distinta proporción de los isótopos de Oxígeno (Oxígeno de peso atómico16 o normal, y Oxígeno de peso atómico 18 o pesado) registrada en los componentes de los estratos marinos formados a partir de moluscos. El O16 y el O18 son químicamente iguales y reaccionan exactamente de la misma manera, pero como tienen pesos atómicos diferentes, tienen diferente comportamiento físico, y el más pesado, el O18, lo hace de diferente forma que el más ligero, O16. Cuando este oxígeno entra a formar parte de una molécula de agua, H2O, esta pesa más que una normal y por ello se evapora menos y se condensa antes. Esto tiene como consecuencia que cuando hay mucha evaporación —lo que sucede en períodos de calor— se evapora más H2O ligero y menos H2O pesado, con lo que en los mares aumenta la proporción entre el O16 y el O18 en beneficio del segundo. A su vez, los moluscos marinos incorporan a la estructura de sus caparazones el oxígeno procedente del agua formando carbonatos, que por su parte acaban en el fondo del mar formando con el tiempo estratos de roca caliza. En períodos de clima cálido, los moluscos forman carbonatos con más O18 y sus calizas contienen también superior proporción de este isótopo. En épocas de frío, las calizas contienen menos oxígeno pesado. El análisis minucioso y preciso de la composición de esos estratos da a los investigadores la temperatura global de nuestra atmósfera de forma muy segura.

Para épocas más recientes y para lograr más precisión en las fechas, se analiza la composición de la atmósfera a través de las pequeñas burbujas de aire encerradas en los hielos fósiles (con millones de años sin altearse). Al caer sucesivas capas de nieve, esta se va haciendo más densa, compactándose y convirtiéndose en hielo al mismo tiempo que va atrapando pequeños espacios con aire que queda encerrado para siempre. Se han estudiado capas de hielo extraídas de la Antártida a más de dos kilómetros de profundidad y con una antigüedad de medio millón de años, y eso ha permitido conocer de forma continua la composición de nuestra atmósfera y su temperatura casi año por año y con una gran exactitud.

Perpetuo cambio de clima

La Tierra nació caliente, muy caliente, como una gran masa de metal y minerales fundidos, y la atmósfera apareció sobre ella a medida que fue enfriándose poco a poco. Nuestra atmósfera también nació en consecuencia muy caliente para ir luego enfriándose gradualmente. Ese proceso de enfriamiento de la última de las capas que componen la Tierra, la capa gaseosa, ha sido constante en la historia de nuestro planeta desde su nacimiento, aunque fue mucho más rápido en sus comienzos y ha sido mucho más lento en los últimos tiempos geológicos. Pero lo importante es que no ha sido un proceso continuo y no se ha producido sin alternancias de períodos calientes y fríos. En un pasado muy remoto, 3.000 millones de años atrás, cuando ya la vida se había instalado en los mares y el proceso de fijación del anhídrido carbónico de la atmósfera y liberación de oxígeno a la misma, llevaba funcionando cientos de millones de años, el clima debía de ser muy estable, aunque enfriándose poco a poco de forma muy lenta e irregular con avances y retrocesos pequeños en la temperatura media de la atmósfera. A las épocas más frías de ese proceso es a lo que llamamos glaciaciones, es decir períodos en los que los hielos cubrían una parte muy importante de la superficie de la Tierra (al menos, más importante comparativamente que la actual). Las glaciaciones pudieron incluso poner en peligro la existencia de la vida, aunque afortunadamente para esta y para la evolución de las especies, a cada glaciación ha seguido un período de calentamiento y esta alternancia no solo ha mantenido la vida, sino que incluso ha sido un estimulante evolutivo fundamental para la misma.

El período glaciar más antiguo que se conoce se remonta nada más y nada menos que 2.200 millones de años en el pasado. Fue el primer momento de clima muy frío y tras el mismo la atmósfera volvió a calentarse poco a poco en cambios muy graduales que se miden en cientos de miles de años. En ese calentamiento, la temperatura de la atmósfera subió mucho, hasta alcanzar incluso los 20 grados de temperatura media en los polos, con lo que los hielos prácticamente desparecieron en su totalidad. Luego comenzó otro lento período de enfriamiento que dejó una huella de glaciación hacia los 700 millones de años atrás en el tiempo, seguido de un nuevo calentamiento. Nuevos períodos glaciales tuvieron lugar entre los 420 y los 290 millones de años en el pasado, con épocas frías que duraron más de 25 millones de años. Las glaciaciones son pues un fenómeno climático muy antiguo y por consiguiente también el cambio del clima lo es, aunque este se producía de un modo muy lento y sus alteraciones se hacían apreciables tras cientos de miles, millones e incluso decenas de millones de años. De todas formas, ya en la historia lejana del clima de la Tierra se observa que el cambio del clima va siendo más rápido a medida que pasan las épocas geológicas. El siguiente momento glaciar importante se inició hace unos 200 millones de años, y la famosa desaparición de los dinosaurios (que tan popular es), tuvo lugar coincidiendo con otra fuerte glaciación hace 65 millones de años. Se dice que ese período frío pudo estar causado por el impacto de un enorme meteorito, lo que provocó un rápido enfriamiento general del suelo al quedar gran cantidad de polvo en suspensión en el aire como consecuencia del choque y no llegar la radiación solar al mismo. De cualquier forma, quizás el meteorito inició la glaciación o quizás fue solo un capítulo en ella. Sin embargo, el interés con que se ha estudiado esta época ha puesto en evidencia la estrecha conexión entre evolución y clima.

Una pregunta incómoda

Respecto a las glaciaciones en el Secundario y Terciario, hace 2.200 y 700 millones de años, si variaciones centesimales de la cantidad actual de anhídrido carbónico en nuestra atmósfera, o aún inferiores, son capaces de producir un rápido cambio climático incrementando el efecto invernadero —como afirman los científicos que sostienen al PICC que está ocurriendo en los últimos años—: ¿Cómo es posible que con una atmósfera que tenía cien veces más CO2 que la actual (cien veces, no una centésima parte), se diera una glaciación, cuando el efecto invernadero debía de ser también cien veces más intenso? Hoy, los que se consideran expertos en el "cambio climático" nos dicen que variaciones del 1% en la cantidad de CO2 en la atmósfera repercuten en un calentamiento apreciable de la misma como consecuencia del incremento del efecto invernadero. ¿Cómo sería el efecto invernadero en una atmósfera que contuviera, no una centésima parte más de CO2, sino diez o cien veces más que la actual? ¿A qué temperatura debería estar esa atmósfera si seguimos los cálculos de las actuales autoridades en la materia? ¿Cómo podría enfriarse el suelo por las noches con semejante aislamiento térmico? Estas son unas preguntas que me gustaría ver respondidas por alguno de los muchos expertos que firman el "cambio climático" y que han convencido a la opinión pública de que el CO2 en un gas contaminante y peligroso. No es una pregunta banal, ni superficial o retórica, se trata de responder a una realidad científica concreta. Si el efecto invernadero del CO2 es tan importante que variaciones pequeñas en su concentración se afirma que son capaces de producir subidas de temperaturas en la atmósfera de varios grados ¿cómo es posible que en el pasado hubiera glaciaciones? Si multiplicamos por diez el CO2 actual desde el 0.038% al 0.38%, el incremento de efecto invernadero consecuente debería hacer subir la temperatura de la atmósfera acercándose a los 100 grados centígrados. Con cantidades de anhídrido carbónico, no de diez, sino de cien o doscientas veces superiores, nuestra atmósfera debería haber sido un verdadero horno: ¿Cómo pudo entonces producirse una glaciación hace 2.200 millones de años, y otra hace 700 millones de años, y luego otra y otra, con cantidades de CO2 en la atmósfera incomparablemente más elevadas que las que hay actualmente?

Hace 700 millones de años, el efecto invernadero debía de ser 10.000 veces más intenso que el supuestamente causado en la actualidad por la acción humana. Esto es antitético e incompatible, luego o se equivocan los geofísicos que han estudiado el clima de hace 700 millones de años, o están en un error los que afirman que un incremento del 1% produce un incremento de temperatura en la atmósfera entre 1 y 5 grados. Todo indica que este error existe, y que además es voluntario, por lo que esta segunda afirmación no es científica, sino propagandística. Es una afirmación hecha por políticos e ideólogos, no por científicos.

Los mamíferos

Pero volviendo al tema de la historia de las glaciaciones, los dinosaurios desaparecieron porque no se pudieron adaptar a un clima más frío y con menos vegetación, pero ese mismo cambio de hace 65 millones de años favoreció la expansión de los mamíferos, que por entonces eran pequeños animalitos que procurarían ocultarse ante la aparición de los grandes (y de los pequeños, porque también los hubo) dinosaurios. La misma existencia de los mamíferos se debe a otra glaciación anterior, la que ocurrió hace 200 millones de años cuando el gran y único continente —llamado Pangea— que formaban entonces las tierras emergidas, comenzó a romperse y desplazarse. Esa glaciación, ese gran enfriamiento de la atmósfera, propició la aparición de animales de sangre caliente, tanto ovíparos como vivíparos.

El cambio en el clima ha sido no solamente algo constante en la historia de la Tierra y en la historia de la vida sobre la misma, sino también algo necesario para su evolución. Plantas y animales han visto esta condicionada por el clima o han evolucionado obligados a cambiar para adaptarse a este. La abundancia de vegetación en el período carbonífero, por ejemplo, tuvo lugar como consecuencia de millones de años de clima húmedo y caliente, en el que crecieron las plantas de forma inusitada dando lugar sus restos a las abundantes capas de carbón y petróleo que actualmente explotamos, devolviendo a la atmósfera al quemarlos un carbono que entonces era suyo. Fue esa una época de fuerte fijación del CO2 atmosférico por las plantas. La aparición de las coníferas, millones de años después, también fue una adaptación de las plantas superiores, las cicas, pero en este caso al frío de una atmósfera glaciar que sin embargo también contenía mucho más CO_2 (muchísimo más) que la actual. La pequeña superficie de sus hojas y la presencia de resina en su sabia es una forma de luchar de los pinos contra el frío y la congelación.

Al final del período Cretácico, que fue seco y frío, las coníferas constituían la mayor parte de la vegetación arbórea sobre el planeta. Fue el frío glaciar el que hizo triunfar a las coníferas mientras extinguió a otras plantas. También al final de ese período habían desaparecido la mayoría de los reptiles, sustituidos por los mamíferos, de sangre caliente y recubiertos de pelo para protegerse de un helado ambiente exterior.

Incluso nosotros mismos como especie, el Homo sapiens, somos consecuencia de los cambios climáticos y la adaptación a los mismos. La velocidad de nuestro desarrollo a lo largo de la vida, el tiempo de la infancia así como el de la niñez y adolescencia (acabo de leerlo en un artículo publicado por José María Bermúdez de Castro), se alargaron hace algo más de dos millones de años como adaptación a un profundo cambio del clima. La sucesiva alternancia de períodos glaciares e interglaciares fue también la que provocó un aumento de nuestro cerebro, y, como dato interesante de la relación entre clima y evolución, la extinción de los Neandertales sucedió hace unos 30.000 años, justo en pleno apogeo de la última glaciación Würmiense.

Nuestra era: el cuaternario

Las últimas glaciaciones, las ocurridas en el Cuaternario, se han estudiado muy bien y se conoce con detalle el perfil de sus temperaturas y la duración de las mismas.

Se conocen con el nombre de Donau, Gunz, Mindel, Riss y Würm, esta última la más reciente. En todas ellas hay una coincidencia de largos períodos fríos con intervalos de momentos de calentamiento del clima y cortos períodos cálidos. En las últimas glaciaciones el avance general de los hielos y el enfriamiento del clima han sido más lentos, mientras que los calentamientos de los interglaciares han sido muy rápidos, tal y como está sucediendo también en nuestros días. Momentos de clima estable que diera una línea plana en un perfil de temperaturas y tiempos, no existen; nunca se han dado. En los últimos 500.000 años no ha habido jamás un período de tiempo de, por ejemplo, 500 años, con una temperatura totalmente uniforme y sin cambios. El clima está cambiando constantemente desde el origen de nuestro mundo y desde la aparición de la vida en él hace tres mil millones de años, pero con el paso del tiempo los cambios se han acelerado y en los últimos cuatro millones de años lo están haciendo con mucha más frecuencia y más rápidamente; aunque siempre siguiendo un lento proceso de enfriamiento general. En esos últimos millones de años, en los años en los que el hombre ha evolucionado hasta su estado actual, la temperatura media en la Tierra ha bajado, aunque hoy vivamos uno de los capítulos de calentamiento parcial dentro del proceso general de su enfriamiento, un interglaciar.

La última glaciación, la de Würm, es por ser la más reciente también la mejor conocida y la más interesante. Se inició tras un máximo de temperatura en el llamado Interglaciar Eemiens, hace 135.000 años. La glaciación se divide en tres períodos, ya que primero hubo un enfriamiento muy rápido y un avance de los hielos que duró unos 27.000 años. Vino después un período de calentamiento parcial en que los hielos solo se retiraron en parte, que duró unos 6.000 años, seguido de un nuevo enfriamiento. Hubo sucesivas oscilaciones parciales pero los hielos continuaron avanzando hasta que hace 12.000 años se alcanzó el momento de máximo frío y máximo avance de los mismos. Hubo luego una breve interrupción por un calentamiento muy ligero entre los años 12000 y 10000 (oscilación de Allerod de 1.000 años de ligero calentamiento y otros 1.000 de nuevo ligero enfriamiento), y en este último momento, es decir más o menos en el año 8000 antes de Cristo, se inicia un rapidísimo calentamiento de la atmósfera que aún continúa hoy día con breves retrocesos de enfriamiento como el ocurrido entre los años 1800 y 1850.

Esta cifra de diez mil años es importantísima porque la gente de la calle piensa que la última glaciación ocurrió hace cientos de miles o quizás incluso millones de años; que es algo muy remoto y muy alejado en el pasado y que el clima desde entonces ha cambiado muy poco o lo ha hecho muy lentamente, mientras que en la actualidad lo está haciendo a toda velocidad. No; hace solamente 10.000 años, un espacio de tiempo muy corto ya que las pirámides se construyeron hace 5.000, Escocia estaba cubierta por un casquete polar que cubría también de forma permanente todo el norte de Europa, Francia casi entera era una tundra semihelada y se podía pasar andando a Inglaterra porque el nivel del mar estaba 120 metros más bajo que en la actualidad.

La rapidez del calentamiento al terminar la última glaciación hace diez mil años ha sido algo asombroso. Históricamente, por las ruinas de puertos en el

Mediterráneo, sabemos que el nivel del mar estaba hace seis mil años seis metros más abajo que en la actualidad, lo que significa un ascenso en tiempos de historia escrita de diez centímetros por siglo, que es además lo que está subiendo actualmente. Eso significa que en los cuatro mil años anteriores el nivel del mar subió 114 metros, lo que supone una elevación de 285 centímetros por siglo; veintiocho veces veces más rápida que actualmente, y sin embargo hace seis mil años no había ni coches, ni calefacciones, ni centrales eléctricas, ni industrias que produjeran CO2, lo que significa que cambio climático y aumento del CO2 en la atmósfera son fenómenos independientes.

Las glaciaciones

Sobre el origen y causa de las glaciaciones se han expuesto varias hipótesis pero únicamente una de ellas se ha comprobado de forma generalizada: la hipótesis astronómica. De todas formas se mantienen otras, como la de las catástrofes naturales, impactos de gigantescos meteoritos y períodos de fuerte actividad volcánica. Según esta última teoría, el clima de la Tierra está en un equilibrio muy inestable y determinados acontecimientos naturales a gran escala podían determinar el inicio o el fin de una glaciación, siguiendo luego la Tierra por pura inercia la evolución en el sentido prefijado. Enormes explosiones volcánicas que arrojaran al espacio cantidades ingentes de polvo y gases, o choques de gigantescos meteoritos (como el de Yucatán hace 65 millones de años), podían haber iniciado períodos

glaciares que luego durarían cientos de miles o incluso millones de años. Es seguro que tales catástrofes habrán tenido una cierta influencia, pero no determinante. El choque de Yucatán pudo cambiar las condiciones de vida durante unos cientos de años, o quizás miles, pero no parece que por sí solo fuera el determinante de una glaciación. La propia historia de estas lo niega, porque la supuesta inercia no existe en absoluto y en los momentos de calentamiento interglaciar se dan períodos de duración variable (de cientos a miles de años) de progresivo enfriamiento. Y al revés, los procesos generales de enfriamiento se ven constantemente interrumpidos por épocas en las que la atmósfera se calienta.
Esos sucesos catastróficos pueden haber sido simplemente la causa de algunas de esas muchas variaciones, pero vuelto a la normalidad, el clima continuó su evolución con independencia de ellos. Una evolución en la que, por cierto, lo normal es el enfriamiento y lo anormal el calentamiento.

El movimiento de los continentes también se ha presentado como explicación de las glaciaciones. Se basa en que en los mares existen fuertes corrientes de agua fría y caliente que trasladan enormes cantidades de calor y energía de unos puntos a otros de la Tierra. El movimiento de los continentes interrumpiría estas corrientes y favorecería que determinadas zonas se enfriaran, se acumulara sobre ellas la nieve y por reflexión solar se calentaran menos en verano, con lo que al año siguiente aumentaría la cantidad de nieve. Puede ser una explicación, pero siempre parcial, porque entre otras cosas hace 200 millones de años no existían varios continentes sino uno solo, enorme, llamado por los geólogos

Pangea. Antes de esa fecha hubo glaciaciones y alguna de ellas con períodos fríos muy fuertes y también fuertes momentos de calor (la temperatura media en los polos llegó en alguno de ellos a los 20ºC como ya hemos comentado). En épocas geológicas recientes, hace sólo unos pocos millones de años, 3,5 en concreto, al unirse las dos Américas por el istmo de Panamá, cortaron las probables corrientes de aguas marinas entre el Pacífico y el Atlántico y entre otras consecuencias de ello nació la actual corriente del Golfo que calienta por encima de lo normal toda la costa del norte de Europa. Es muy posible que las últimas glaciaciones estén relacionadas con la intensidad y constancia de la corriente del Golfo.

Causas astronómicas

De todas formas, la causa aceptada como principal y mejor comprobada se encuentra en los cambios de la órbita de la Tierra y en la variación de los movimientos de esta sobre su eje de rotación. Estos cambios se producen cíclicamente y fueron estudiados por Milankovic que comprobó que coincidían con los ciclos glaciares. Hoy día son conocidos por su nombre como los "Ciclos de Milankovic".

Si consultamos en una enciclopedia la inclinación del eje de la Tierra respecto al plano en que se mueve, la eclíptica, en casi todas partes figura la cifra de 23º27´ (23 grados y 27 minutos). Está desfasada. Esa cifra era correcta en el año 1900 y se ha venido repitiendo desde entonces, pero en el año 2000 la inclinación era de 23º26´. Cada año el eje cambia en su inclinación un ángulo de 0,41" (segundos) y en términos generales la inclinación de la Tierra varía entre los 21,5 y los 24,5 grados a lo largo de un período de 41.000 años que coincide totalmente con los patrones del cambio climático. Al aumentar la inclinación del eje de la Tierra, los rayos solares llegan más bajos y con menos calor en invierno y más directos y más calientes en verano. Esto da lugar a un clima más extremado, con inviernos más fríos y con más nieve y veranos más calurosos y con más evaporación superficial en el mar. En el momento actual el eje de la Tierra se está enderezando, con lo que la tendencia es al revés: inviernos menos fríos y veranos menos calurosos. El interglaciar actual coincide con las fases cálidas de los ciclos de Milankovic.

Precesión y excentricidad

La precesión de los equinoccios es otro de los movimientos que estudió Milankovic, la excentricidad de la órbita otro. La Tierra no traza un círculo en cuyo centro esté el Sol, sino que este ocupa uno de los dos focos de una elipse por la que se mueve la Tierra. La excentricidad de esa elipse varía entre un 0.0005 (casi un círculo perfecto) y 0.0607 a lo largo de un período de 98.000 años. La diferencia de insolación entre el momento más favorable y el más desfavorable se considera que puede ser del orden de un 2%.

Un tercer movimiento astronómico que también influye, es el de la variación de la línea de los ápsides. Esta variación se produce porque la elipse que describe la Tierra en su movimiento alrededor del Sol, también tiene un movimiento de giro sobre sí misma que dura 21.000 años. El perihelio, el punto más cercano entre la Tierra y el Sol, va cambiando a medida que la elipse gira. El año 2008, el día en que la Tierra y el Sol han estado más cerca fue el 3 de enero (en pleno invierno y por tanto suavizando algo su rigor). Hace 2.000 años ese acercamiento máximo ocurrió el día 30 de noviembre y 4.000 años antes de Cristo ocurría el 23 de septiembre (con lo que aquel verano fue más largo y más caluroso). Dentro de 2.000 años tendrá lugar el 6 de febrero. Por otra parte es interesante señalar que cuanto más cerca está la Tierra del Sol, más rápidamente se mueve en el espacio, así que las estaciones duran ligeramente menos cuando la Tierra y el Sol están más cerca, y ligeramente más cuando están más lejos, lo que también incrementa las diferencias entre verano e invierno según la situación de la línea de los ápsides. El punto más cercano es el perihelio, y el más lejano el afelio. Cuando el invierno coincide con el afelio, dura más y se recibe menos radiación cada día, con lo que habrá más nieve y hará más frío.

Estos tres movimientos con sus respectivos períodos de 98.000, 41.000 y 21.000 años, coinciden con los momentos de máxima y mínima glaciación en los últimos tres millones de años, aunque no de una forma matemática, por lo que tienen que existir otros factores que se superponen a los ciclos. Las ya comentadas catástrofes naturales y movimientos de los continentes pueden ser dos de ellos. La actividad solar y la presencia de manchas solares, otro. El efecto invernadero de la propia atmósfera otro. La elevación y descenso en el nivel del mar, también pueden influir. Finalmente, se especula con otra causa astronómica que explicaría las glaciaciones más antiguas. La Tierra acompaña al Sol en su movimiento por la galaxia y es posible que a lo largo de varios miles de millones de años, el Sol se encontrase a su paso concentraciones de polvo estelar que apagasen su radiación, que hicieran de pantalla. No se sabe.

De lo que sí se tiene constancia a través de las épocas geológicas es de que en general el clima de la Tierra ha sido bastante caluroso (llegando a los 20 grados en los polos) y que con independencia de los períodos críticos de las glaciaciones, se ha ido haciendo cada vez más frío. Por lo que a las últimas cuatro glaciaciones se refiere (500.000 años de historia climática), si unimos los puntos de máximo frío reflejados en una gráfica vemos que existe una ligera tendencia descendente y que esa línea resulta además paralela a la que obtenemos uniendo los puntos de máximo calor en los interglaciares. Según esto, todavía no hemos llegado al punto más cálido del actual período de calentamiento de la atmósfera, y para alcanzarlo nos quedan entre 500 y 1000 años. Por otra parte y según los ciclos de Milankovic dentro de 4.000 años estaremos en una plena nueva glaciación, aunque es imposible determinar con cierta precisión hasta donde llegará el calentamiento de este interglaciar.

El dios Sol

Se comprende perfectamente que en el pasado el Sol fuera una deidad para muchos pueblos. Toda la vida y toda nuestra energía proceden directamente del Sol. También nuestro clima depende totalmente de él. Es curioso el cómo frente a un mismo fenómeno reaccionan los diferentes científicos según su propia especialidad. Para los químicos, el cambio climático es causado por los gases de efecto invernadero (y entre ellos el principal el CO2); para los oceanógrafos, el causante del cambio en el clima, es el mar; para los vulcanólogos, son las erupciones volcánicas las responsables finales del cambio; y, por supuesto, para los astrónomos las causas se encuentran en los movimientos celestes de la Tierra y en la actividad solar. Lo de los movimientos de nuestro astro en su órbita, parece que no ofrece duda como causa principal. Las diferencias de insolación entre los momentos óptimos y los más desfavorables, son importantes, por lo que nadie duda (nadie sensato, evidentemente), que con menos radiación solar la atmósfera está más fría y con radiación más intensa el aire de nuestro mundo esté más caliente. Esto está claro, pero no parece ser la única razón. Los ciclos de Milankovic son alterados por otros factores y quizás la actividad solar sea uno de ellos. Los astrónomos ven en esa variabilidad un patrón fijo y piensan que alteraciones mínimas en la actividad solar pueden tener repercusiones importantes en el clima de la Tierra. El Sol es la fuente de toda nuestra energía y la radiación recibida por la Tierra es la total responsable del clima, por lo que igualmente parece sensato que sea responsable de sus variaciones. Esa es la esencia de los ciclos de Milankovic, porque estos explican las variaciones climatológicas y la existencia de las glaciaciones por las diferentes distancias entre el Sol y la Tierra, y por la diferente insolación de nuestro suelo debido a la inclinación del eje de giro de nuestro planeta respecto al plano de la eclíptica. Estos ciclos tienen lugar a muy largo plazo en relación con la duración de nuestras vidas y dependen de la posición de la Tierra respecto al Sol, pero no en principio de la actividad de este, que es otro de los factores que se estudian actualmente como causas directas de los cambios de clima inmediatos.

El Sol no es en realidad el astro inmutable que aparenta ser y que así ha sido tomado a lo largo de la historia de la humanidad. El Sol tiene sus propios ciclos, sus palpitaciones por así decirlo, que tienen un período de once años. Ignorar, como base de partida científica, la actividad solar, resulta poco sensato y falto de lógica cuando es el Sol el responsable total del clima. Pero sucede que si los estudios respecto al Sol no son convergentes con los intereses del PICC, son poco fiables. Por esa razón hay dos líneas de estudio recientes, una sobre la influencia de los rayos cósmicos en la formación de nubes, y otra sobre la acción de la actividad solar en la formación de nubes bajas (esta última conocida como efecto Svensmark), que no son bien vistas por el movimiento ecologista.

La primera es una hipótesis difícil de demostrar, pero la segunda está llena de lógica. Como las nubes reflejan la luz solar, su disminución supone una superior insolación del suelo y un aumento de la temperatura de este. Por otra parte, si se condensa menos agua en las nubes bajas, tiene que existir en la misma medida más vapor de agua en la atmósfera, y como el vapor de agua es el principal responsable del efecto invernadero (aunque para los líderes del cambio climático el vapor de agua ni siquiera es un gas y su influencia en el efecto invernadero es nula), la ausencia de nubes hace que este sea superior al mismo tiempo que la atmósfera se calienta más y al hacerlo admite una superior cantidad de vapor de agua, por lo que el efecto se retroalimenta. Con menos nubes, más vapor de agua y con más vapor de agua, aire más caliente con lo que se condensan menos nubes.

Ventana tercera

El CO_2 en la atmósfera

Hoy parece ser un principio absolutamente asentado que el CO_2 es un gas contaminante y principal causante del "cambio climático". La opinión pública ha aceptado esto como un hecho establecido, los periodistas (siempre entusiasmados con la defensa del medio ambiente y siempre con información superficial) se han convertido voluntariamente en sus principales propagadores; los políticos lo han aceptado también, y se afirma que igualmente lo ha aceptado la comunidad científica internacional una vez que el Panel Intergubernamental para el Cambio Climático ha dictaminado que este tiene causas antropogénicas y que el anhídrido carbónico es el primer responsable de las mismas.

Cuesta aceptarlo. El CO_2 es un gas tan natural que se encuentra en el origen mismo de la vida. Calificarlo ahora de "contaminante" me parece ficticio, ilógico, absurdo incluso; antinatural en una palabra. Lo que hacemos los seres humanos al respirar es tomar oxígeno del aire, quemar con él el carbono que tomamos de la materia orgánica con la que nos alimentamos y devolver al aire el residuo de esa combustión: anhídrido carbónico. Algo completamente natural. Es lo mismo que también hacemos al cocinar nuestra comida y calentar nuestras casas; quemar combustibles, devolver a la atmósfera un CO2 que antes fue suyo, que las plantas tomaron del aire y fijaron en el suelo. Esto último también creo que es algo totalmente natural.

Por otra parte, mi interés por la naturaleza se extiende también al mundo vegetal, no solamente al animal (incluyendo al hombre, que es por supuesto el primero de los animales naturales, con permiso de los elefantes, leones, ñus, etc.) El anhídrido carbónico es en la actualidad un gas escaso en la atmósfera. Está presente en ella en una proporción de solamente el 0,038%, pero ese poco gas es el que sigue alimentando la vida vegetal y el que mantiene verde gran parte de nuestro planeta. Un mundo sin CO2, sería un mundo marrón, un mundo sin plantas y un mundo muerto. Por el contrario, una atmósfera con más CO2 sería más propicia para el crecimiento de la vegetación. Con más anhídrido carbónico, el mundo vegetal se desarrollaría mejor y más rápidamente, tendríamos un mundo, efectivamente, más verde. Se han realizado experiencias de cultivos en invernaderos cerrados con superiores concentraciones de anhídrido carbónico y se ha comprobado que las plantas herbáceas se desarrollan más o menos igual pero que las leñosas, los árboles, crecen mucho más rápidamente. Con más CO2 en el aire los bosques ganarían terreno a los desiertos y el planeta tendría una cara más verde, menos triste que la actual.

El "efecto invernadero" ¡Naturalmente¡ ¿Dónde crecen mejor las plantas que en un invernadero? Desde luego esto es una distorsión de los conceptos, pero existe un fondo de realidad: en lo que respecta al mundo vegetal, el CO2 no solamente no es ningún contaminante sino que es el más adecuado y natural de los gases. Para las plantas, un aumento significativo en la proporción de CO2 en la atmósfera, no solamente no sería malo, sino que sería maravilloso.

¿Cómo afecta por su parte este supuesto gas contaminante a la vida animal silvestre? Pues en la misma medida que a las plantas: a más bosques, a más vegetación, acompañará más vida silvestre: el CO2 tampoco parece muy malo para los animales y un aumento significativo en la proporción de este gas en el aire no tendría más que beneficiosos resultados.

Una cuestión de fe

Hoy se acepta como dogma de fe (y realmente la opinión pública así es como se lo toma) que el CO2 es un contaminante, principal responsable del efecto invernadero que a su vez es la primera causa del cambio climático. Ni lo uno ni lo otro es cierto. A esas conclusiones no se ha llegado por la vía de la lógica, sino de la fe, como ya hemos mencionado. Que la fe la ponga la opinión pública, que pone mucho sentimiento en sus ideas pero muy poca reflexión, se comprende, pero que la fe arranque de un supuesto grupo de científicos, es menos aceptable. De hecho y como he comentado antes, existe una tergiversación entre causa y efecto, entre cambio de clima, cambio climático, efecto invernadero y CO2. Que exista el cambio del clima no implica que el CO2 sea la causa del mismo, ni muchísimo menos. No estamos ante un aumento del CO_2 que provoca un cambio en el clima, estamos ante un cambio del clima (que lleva miles y millones de años produciéndose) y viene muy bien (desde un punto de vista político y propagandístico) achacarlo a la producción de CO_2 antropogénico. La relación, como ya hemos insistido varias veces, no es causa-efecto, es efecto-causa convenientemente presentada. La realidad física del cambio se ha manipulado y falseado por parte de los ecologistas, que ante la opinión pública la presentan como algo nuevo, cuando ese cambio es una constante en la historia del clima. Merece la pena analizar también los datos y cifras utilizados en la consolidación del famoso "efecto invernadero" y en la maldad del CO_2.

40.000 millones de toneladas

Según un informe ecologista en el año 2007 la humanidad "arrojó" a la atmósfera 40.000 millones de toneladas de CO_2. ¡¡¡Cuarenta mil millones de toneladas!!! Es una cifra impresionante ante cuya importancia no podemos menos que sentirnos pequeños y culpables. ¡Pobre atmósfera! ¡Estamos abusando de nuestro mundo, tenemos que hacer algo, esa cifra es impresionante! ¿Me acompañan ustedes en un breve análisis de tan abultado número? Sí, la cantidad es correcta, pero ya existe una manipulación en la forma en que se presenta: la humanidad no arroja nada a ningún sitio, produce CO_2, no arroja CO_2. Arrojar tiene una connotación despectiva (por eso es utilizada la palabra con toda intención). Significa literalmente: lanzar con violencia una cosa. De esa forma, cada vez que encendemos un fuego para calentar un té, cada vez que ponemos en marcha la calefacción de nuestra casa, cada vez que arrancamos el motor de nuestro automóvil, cada vez que respiramos en suma, estamos "arrojando" CO_2 al medio ambiente, estamos violentando a la naturaleza, estamos haciendo algo abusivo y antinatural. No, ni muchísimo menos, todo ese planteamiento es falso y demagógico, propagandístico en una palabra. Yo no "arrojo" nada contra nadie cuando genero CO_2 en mi absolutamente natural actividad humana. El informe comienza pecando de resabios manipuladores que me niego a aceptar y que es conveniente poner de manifiesto. Pero es que además, esos 40.000 millones de toneladas, antes pertenecían a la atmósfera y las plantas lo fijaron en el suelo, así que realmente lo que hacemos cada año es "devolver" a la atmósfera esta cantidad de CO_2.

En cuanto a la propia cifra de 40.000 millones de toneladas, creo que es correcta y más o menos todo el mundo está de acuerdo con ella y con que aumenta con el paso de los años, aunque quizás los ecologistas la inflan un poco. No importa. Aunque en sí misma parece tremenda, no lo es en términos relativos. De hecho, me pregunto cual será mi contribución personal a la misma. No es muy difícil de calcular. Puedo hacerlo a partir de la fórmula química general sobre la respiración: $C_6H_{12}O_6 + 6O_2 = 6CO_2 + 6H_2O$ + calor.

Por respirar creo que produzco unos 200 kilos de CO_2 al año, o lo que es lo mismo, 0,2 toneladas. Parece muy poquito, sí, y no es nada junto a los 40.000 millones de toneladas, pero es que no vivo solo en el mundo. Me acompañan otros 7.500 millones de personas. En conjunto, los humanos producimos pues cada año al respirar 0,2 x 7.500 millones de toneladas. Esto da un total de 1.500 millones de toneladas de CO2, el 3,75% del CO2 producido: ¡Simplemente con algo tan sencillo y natural como la respiración!

Para simplificar el manejo de las cifras, a cada 1.000 millones de toneladas le podemos llamar un MMT. El total del CO2 "arrojado", o "devuelto", a la atmósfera porque todo el CO2 que producimos estuvo antes en ella, es entonces de 40 MMT, y solamente el del CO2 producido por los humanos al respirar es de 1,5 MMT. La verdad es que sorprende la cantidad en apariencia tan enorme de anhídrido carbónico que producimos. El simple hecho de respirar tiene que causar ya de por sí un importante efecto invernadero.

Más respiración

La verdad es que, pensándolo, no puedo respirar tranquilo. Sobre todo porque no somos los únicos que respiramos en este mundo. Respiran también todos los animales, incluidos los peces aunque tomen el oxígeno del agua. Podemos suponer que el conjunto de animales salvajes, domésticos y ganadería, produzcan más o menos la misma cantidad de CO2 que nosotros al respirar. Eso significa otros 1,5 MMT (miles de millones de toneladas), con lo que simplemente la respiración de los seres vivos suma ya 3 MMT, el 7,50% del total (sigo sin respirar tranquilo). Para colmo, esos 7.500 millones de humanos no tomamos las cosas crudas (los japoneses un poco más, pero no importa) y podemos suponer por lo bajo que en calentar nuestra comida produzcamos tanto CO2 como al respirar. Con esto ya estamos en el 11,25%.

Estos cálculos igualmente los he realizado a partir de datos sencillos tomados de cualquier enciclopedia, y aunque no resulten exactos, tienen un importante valor orientativo. La realidad es que la producción de CO2 en nuestras actividades domésticas es mucho mayor de lo que se piensa. Yo, por ejemplo, caliento todas las mañanas un litro de agua para preparar té. Eso significa pasar mil gramos de agua desde los 20ºC a los 100ºC, y para eso son necesarias 80.000 calorías reales. Pero el rendimiento de los fogones es muy bajo y las pérdidas muy altas, por lo que el consumo real de energía para preparar el té, puedo estimarlo en unas 500.000 calorías o 500 kilocalorías. En la preparación de dos platos para la comida y otros dos en la cena de tres personas, calculo por lo bajo que consumo otras 2.500 kilocalorías más. La cifra real sería superior si hiciera una medición científica, porque, por ejemplo, el horno tiene un rendimiento bajísimo y para preparar un plato de esta forma éste tiene que estar cerca de tres cuartos de hora encendido, pero la exactitud milimétrica no es importante porque sólo deseo que tengamos una estimación aproximada. Consumo, por tanto, aproximadamente 3.000 kilocalorías en preparar la comida diaria de tres personas. Si tomo como valor energético del combustible la cantidad de 15.000 kilocaloría por kilo, necesito quemar unos 200 gramos de combustible, que por su parte producen aproximadamente 600 gramos de CO2 (tomar tres kilos de CO2 producidos por cada kilo de carburante es también bastante sensato) con lo que efectivamente, al calentar nuestra comida producimos tanto CO2 como al respirar. Al final la cifra ha coincidido, pero ha sido por simple casualidad, aunque parece lógico que resulten cantidades similares.

Actividades naturales

Con eso, la cifra generada en actividades tan elementales como respirar y alimentarnos ya es de 4,5 MMT (el 11,25% del total) y no estamos más que valorando las cosas más sencillas y simples en nuestra vida. En calentar las casas de 7.500 millones de personas he calculado una producción mundial de CO2 de 5 MMT, así que en respirar, comer, y dormir calentitos, producimos 9,5 MMT, lo que significa un 16,25% del total del CO2, más de un tercio de la "monstruosa" cifra al principio reseñada. Producimos también una cantidad importante de CO2 al iluminarnos y en otras muchas actividades muy elementales, e igualmente también generamos CO2, al desplazarnos y trabajar y parece ser que este CO2 producido en esta actividad es particularmente malo. Que el mundo del transporte genere grandes cantidades de CO2 no está bien visto en las ventanas de los vecinos, aunque se tolera si tiene un carácter colectivo, pero que de forma individual produzcamos este gas al movernos a nuestro libre albedrío por las carreteras y calles, no es aceptado nada bien por los discípulos del cambio climático.

El CO2 de origen automovilístico

Me pregunto por ello ¿cuánto anhídrido carbónico produce mi automóvil en un año? Pues es muy sencillo de calcular y todo el mundo puede hacerlo, más ahora que el CO2 producido por kilómetro es una cifra utilizada para establecer el impuesto de matriculación y es bien conocido cuanto produce cada modelo.

En mi propio caso, mi coche gasta una media de 7 litros de gasoil cada 100 kilómetros y hago aproximadamente 10.000 km al año, que es una cifra que se puede tomar como media no sólo de mi automóvil, sino del conjunto de todos los automóviles que circulan por el mundo. La cantidad de CO2 que obtengo en mi consumo personal como automovilista, es de 1.820 kilos al año. Si ahora tengo en cuenta que en el mundo circulan aproximadamente 900 millones de automóviles, que puedo suponer que realicen también un kilometraje parecido, la totalidad de los automóviles de turismo producen 1,82 x 900 millones de toneladas, o lo que es lo mismo 1.638 millones de toneladas, es decir aproximadamente 1,63 MMT.

Sorprende un poco, ¿verdad? Nadie diría que el CO2 producido por los automóviles del mundo a lo largo de un año fuera parecido al producido simplemente por el hecho de que la humanidad respire, pero así es. No cabe duda de que pensar es mucho más interesante que creer.

Incredulidad

Cuando hago esta última afirmación en público, quienes me escuchan ponen cara de escépticos. Si yo fuera ecologista, me creerían, pero soy un simple naturalista entusiasmado por la micología (un tipo raro). Además, ¿cómo vamos aceptar que la cantidad de CO2 que "arrojan" los tubos de escape de los automóviles, sea menor que la que producimos los humanos y animales simplemente al respirar? Nadie acepta esta realidad sin sorpresa o sin incomodidad (y los ecologistas simplemente no la aceptan). Aceptarla, significa por otra parte que se estaba equivocado y que se ha sido objeto de un engaño. A nadie le gusta que le engañen y es muy difícil aceptar la realidad de la equivocación. Mucho más aún, cuando la información se opone a la verdad establecida, la oficial, lo que dicen los medios de comunicación.

Sin embargo, no deja de ser curioso que cuando en un informe ecologista, en un comentario en televisión o en un artículo en un periódico, se cita la cifra de 2.000 millones como el número de automóviles que cada día se desplazan por nuestro mundo, nadie se pregunte por su autenticidad. Según ellos, claro está, todos los coches fabricados en 1927, por ejemplo, están rodando por las carreteras: "todos". Y los de 1938, y 1949, etc. El disparate es tan enorme y la tergiversación de las cifras tan evidente, que uno no tiene más remedio que preguntarse: ¿Estos señores son unos completos ignorantes, o son unos manipuladores de la información? Cuando se trata de un tema de una trascendencia tan enorme como la consideración del CO2 como el responsable de los actuales cambios de temperatura, y cuando se imputa al automóvil una participación importante en la generación de ese CO2, es imprescindible ser escrupulosamente rigurosos en todos los aspectos. Poner en circulación diariamente la cifra de 2.000 millones de automóviles de turismo como productores de CO2, significa en primer lugar dudar de la ética de quien la pone en marcha, o de sus conocimientos. Tan malo es lo uno como lo otro, pero ahí están, engañando a la opinión pública.

¿Son así verdaderamente? Me temo que la respuesta es que sí. La sociedad ha confiado de tal forma en los ecologistas, que estos se han hecho a la idea de que se encuentran rodeados por una masa incondicional de seguidores entregados y sin el más mínimo espíritu crítico. Lo chocante que es el manejo de cifras tan falsas como esta de los 2.000 millones de turismos, carece de importancia ante el desprestigio que implica hacia todo el movimiento ecologista del cambio climático. ¿Todo se ha hecho de la misma manera? ¿Esta es la seriedad de unos cálculos detrás de los que están 2.000 científicos y que se nos presentan como justificativos de una impresionante revolución social e industrial tendente a reducir drásticamente la cantidad de anhídrido carbónico que producimos? ¿En base a estas cifras inventadas e ilógicas, tenemos que cambiar nuestra forma de vivir?

LOS ANIMALES DE NUESTRO PLANETA PRODUCEN CASI EL DOBLE DE CO2 AL RESPIRAR QUE LA TOTALIDAD DEL PRODUCIDO POR 900 MILLONES DE AUTOMÓVILES RECORRIENDO CADA UNO 10.000 KM AL AÑO.

¿Y alguien pretende que esa cantidad de anhídrido carbónico es inaceptable para la Naturaleza? Es evidente que el CO2 producido al respirar no puede de ninguna manera ser un contaminante, y si no lo es, tampoco lo puede ser el producido por los automóviles.

¡Lo siento¡ La cifra de "cuarenta mil millones de toneladas" resulta impresionante leída en un periódico en titulares de gran tamaño, pero engañosa; en sí misma no significa nada.

¿Cuánto CO2 hay en el aire que nos rodea?

La pregunta parece difícil pero es sencillísimo responderla y podemos hacerlo sobre la marcha con datos totalmente exactos y bien conocidos por todo el mundo. La presión atmosférica a nivel del mar es de 1.033 milibares. Esto significa que una columna de aire de 1 centímetro cuadrado de superficie pesa 1.033 gramos. Como sobre los continentes hay menos aire, podemos tomar como presión media la de 1.000 milibares, y así nos quitamos en el cálculo esos molestos 33 gramos de peso, aunque los datos finales que obtengamos sean simplemente aproximados; no importa, de lo que se trata es de hacernos una idea, no de redactar una tesis sobre el CO2. Nos queda así que el peso de una columna de 1 centímetro cuadrado de superficie es de exactamente 1 kilo. En realidad no se trataría de una columna de aire, sino de una pirámide truncada, pero tampoco importa porque esta pesaría lo mismo.

Un metro cuadrado tiene 100 x 100 centímetros cuadrados, 10.000 en total, luego el peso de una columna de aire de 1 metro cuadrado es de 10.000 kilos. Hemos comentado que la proporción de CO2 en la atmósfera es del 0.038% en peso, luego en cada columna de aire de un metro cuadrado de base hay una cantidad en kilos de CO2 igual a 10.000 veces más, y por tanto en cada metro cuadrado hay 3,8 kilos de este gas.

Un kilómetro cuadrado tiene 1.000 x 1.000 metros, es decir un millón de metros cuadrados (1.000.000 M2), luego en cada kilómetro cuadrado hay 3.800.000 (3,8 millones) de kilos de CO2. Y si pasamos esta cifra a toneladas, nos da 3.800 toneladas de anhídrido carbónico por kilómetro cuadrado.

¿Cuantos kilómetros cuadrados tiene la superficie de la Tierra? La fórmula que da la superficie de una esfera es la de "cuatropierredos", es decir 4 por el número "pi" que vale aproximadamente 3,1486 por el radio al cuadrado. En el caso de la Tierra este radio es de 6.370 Km, por lo que nos basta tomar la calculadora para comprobar que la superficie de la Tierra es de aproximadamente 511 millones de kilómetros cuadrados.

El total de CO2 que contiene la atmósfera es pues de 3.800 toneladas por kilómetro cuadrado, multiplicado por 511 millones de kilómetros cuadrados. Esa cifra es de 19.481 MMT o miles de millones de toneladas, con lo que los 40 MMT "arrojados" a la atmósfera por la actividad antropogénica cada año, parecen muy poca cosa.

Como el lector habrá podido comprobar, el cálculo es sencillísimo y cualquiera lo puede comprobar por sí mismo cuantas veces necesite para convencerse, no es necesario que lo firme alguno de los 2.000 sabios del PICC. Los famosos 40 MMT de CO2 que "arrojamos" a la atmósfera cada año, resultan incluso una cifra muy baja comparada con el total de CO2 que esta contiene, mientras que la de 3 MMT de CO2 producido al respirar los seres vivos aparece en comparación con el total producido como algo bastante elevado. Junto a estas cifras los 1,63MMT generados por las hogueras que cada mañana creamos cuando ponemos en marcha los motores de nuestros automóviles, son una cantidad que no justifica en modo alguno que el automóvil sea universalmente considerado como una de las principales fuentes de CO2. Esa afirmación es completamente falsa.

Balance biológico

Los seres humanos producimos 40 MMT de CO_2 al año, pero no vivimos solos en nuestro planeta, lo hacemos junto con los árboles y las plantas, y estos también respiran, aunque al revés que nosotros, tomando del aire CO_2 y devolviendo al mismo O_2. Nuestro proceso es exactamente el contrario, tomamos O_2 del aire y devolvemos CO_2. Podemos pensar así que en el tema del anhídrido carbónico los humanos somos los malos de la película, que añadimos CO_2 a la atmósfera, y los árboles y plantas son los buenos ya que retiran de la misma ese gas que ahora está de moda afirmar que es un contaminante. Existe por tanto un balance biológico atmosférico de CO_2: el añadido por unos seres vivos, los humanos, los malos; y el retirado por otros seres vivos, los árboles y plantas, los buenos. Los malos produjimos aproximadamente el año 2019 unos 40.000 millones de toneladas de CO_2, veamos ahora cuanto retiraron los buenos, y en particular los árboles.

El número de habitantes de la Tierra en el 2019 era aproximadamente de 7.500 millones de personas. Haciendo un cálculo muy conservador respecto al número de árboles con relación al de habitantes, en nuestro mundo hay 100 árboles por cada ser humano, lo que significa que hay como mínimo 750.000 millones de árboles. En mi casa tengo un olivo que produce cada año 30 kilos de aceitunas, unos 45 kilos de hojas, y gana en peso en su tronco, ramas y raíces unos 25 kilos más. Genera por tanto cada año unos 100 kilos de materia orgánica, y por cada uno de esos kilos toma del aire 1,43 de CO_2. Mi olivo retira por tanto cada año del aire, es decir respira, más de 140 kilos de CO2 y no es un árbol muy grande, pero supongamos que el árbol medio del mundo es aún más pequeño y que toma cada año solo 100 kilos de anhídrido carbónico en su proceso vital de respiración vegetal. La cantidad de CO2 neutralizada por los árboles de todo el mundo será entonces de 750.000 millones de árboles por 100 kilos cada uno, es decir 75.000 millones de toneladas, a los que tendríamos que añadir el tomado por el resto de la masa vegetal y agricultura, por lo que la cifra se eleva aproximadamente (realizados los cálculos de forma muy conservadora) a 100.000 millones de toneladas, 2,5 veces más que el producido antropogénicamente. En otras palabras, la acción conjunta de humanos y plantas retiró ese año 60.000 millones de toneladas de anhídrido carbónico.

Mirando al mar y mirando gráficas

Si ese año la atmósfera ganó anhídrido carbónico es porque obligatoriamente otro sistema le ha proporcionado dicho gas, y ese sistema solo puede ser el mar. En el agua de los océanos de la Tierra hay disuelto mucho más CO2 del que hay en la atmósfera, se calcula que 100 veces más, porque este gas es muy soluble en el agua. Esta cifra es impresionante porque si el mar pierde simplemente el 1% de su CO2 pasando este a la atmósfera, esta duplica su contenido en este gas. Por otra parte, esa solubilidad depende de la temperatura del agua y a 1°C esta puede contener 3,3 gr/l, miententas que a 15°C la cantidad es de 2 gr/l. Esto lleva a pensar que si el mar se está calentando en un proceso natural paralelo al del cambio del clima, iniciado hace 10.000 años, está cediendo una enorme cantidad de CO2 a la atmósfera ya que el mar se está calentando.

Por otra parte, el principal argumento de los líderes del cambio climático para culpar al CO2 del mismo, se encuentra en la comparación de las gráficas de temperatura de la atmósfera y de la cantidad de CO2 contenida en esta durante los últimos 800.000 años. Ambas gráficas presentan una forma clara de dientes de sierra con variaciones intermedias tanto en los momentos de subida como de bajada de las mismas. Si estas gráficas se superponen, se encuentra entre ellas una coincidencia realmente asombrosa, por lo que los partidarios del cambio climático antropogénico, no del cambio del clima natural, afirman que eso demuestra que cuando aumenta el CO2, el clima se calienta, luego el responsable de ese calentamiento es a todas luces el CO2. Sin embargo, esa coincidencia de gráficas no demuestra nada de esto, pues de la misma forma podríamos afirmar que el aumento de temperatura tiene como consecuencia un correlativo aumento del CO2 (y de manera mucho más lógica desde un punto de vista geofísico), y que el CO2 no es la causa, sino el efecto.

Quien realmente calienta la atmósfera es el Sol y la distancia media entre este y la Tierra (como ya hemos comentado en páginas anteriores) varía en ciclos de varios miles de años, con lo que cambia la radiación que la Tierra recibe. La Tierra traza una elipse alrededor del Sol cuya excentricidad varía haciendo que la distancia media aumente y disminuya con una diferencia de insolación del orden del 2%, lo que hace que su atmósfera y su superficie se calienten y se enfríen con independencia de que exista en la primera más o menos CO_2. Esta elipse tiene también un movimiento de giro sobre sí misma, lo que también altera el clima al margen del CO_2. Por otra parte, la inclinación del eje de la Tierra también cambia entre los 21,5 y los 24,5 grados, y al aumentar esta inclinación los rayos solares llegan más bajos y con menos calor en invierno y más directos y más calientes en verano, dando lagar a un clima más extremo, y esto igualmente sucede con poco o con mucho CO_2 en la atmósfera. La combinación de estos cambios astronómicos, conocida como ciclos de Milankovic, coincide con las glaciaciones. Pues bien: cuando la Tierra se enfría por recibir menos radiación solar (o por causa del vulcanismo o del impacto de un gran meteorito), el mar admite más CO_2 disuelto en sus aguas, y retira este gas de la atmósfera, y cuando se calienta por recibir más radiación, cede CO_2 a la misma. Esto significa que el CO_2 no es la causa, es el efecto y ese efecto es beneficioso para el mundo vegetal que constantemente está retirando CO_2 de la atmósfera y fijándolo en el suelo, por lo que necesita que el mar le devuelva parte de este. Ni que decir tiene que en ese proceso reflejado en las gráficas de temperatura, la intervención humana ha sido absolutamente nula.

El fenómeno del cambio del clima es sumamente complejo y atribuirlo únicamente al CO_2 no es además admisible porque la propia historia de nuestra atmósfera y de nuestro clima nos dicen que las cosas no han sido así en el pasado. Si la influencia del CO_2 y su efecto invernadero fuera realmente tan significativa como afirman los expertos del cambio climático, la atmósfera de nuestro planeta en pleno período Carbonífero, o hace 200 millones de años, o más aún hace 700 millones, cuando había diez y cien veces más de CO2 que actualmente (concentraciones no del 0,038% sino del 0,38% y del 3,8%), tendría que haber tenido una temperatura superior a los 100°C como consecuencia del intenso efecto invernadero, y esto no ha sucedido nunca. En el pasado hubo concentraciones de anhídrido carbónico enormemente superiores a las actuales y a pesar de ello hubo glaciaciones. Esta realidad histórica de nuestro clima se opone totalmente a la idea de que el CO2 es la causa del aumento de temperatura y de su cambio. La amenaza, o el vaticinio, realizados en el año 2007 afirmando que en los próximos 50 años la temperatura subirá 5 grados y el mar ascenderá 6 metros, es simplemente una suposición alarmista y sin fundamento. La realidad es que desde entonces ha pasado un tercio de ese plazo y el nivel del mar no ha subido 2 metros, ni la temperatura ha aumentado 1,6°C. El mar ha ascendido al mismo ritmo que los últimos 6.000 años, 0,1 cm por año, y la temperatura ha subido 0,16°C. Esta última subida de temperatura supone que el incremento será de 0,5°C, que es muy importante, pero ese calentamiento se seguiría produciendo aunque los humanos no existiéramos.

El protagonismo atribuido al CO2 en el cambio del clima no se sostiene porque significa dejar de lado causas tan evidentes como la actividad solar, la variación de distancias entre el Sol y la Tierra, la inclinación del eje de esta que cambia de forma apreciable, el vulcanismo, el impacto de meteoritos, el cambio en la geografía de los continentes y las corrientes marinas. Por otra parte, tampoco se explica de dónde procedía el CO2 que aparece en las curvas en el pasado, y de donde procede el que hoy está aumentando la proporción de este gas. ¿Qué sistema aportó CO2 y qué sistema lo retiró?

Ventana cuarta

El efecto invernadero real

El efecto invernadero no es en sí mismo nada perjudicial para la Naturaleza, y por el contrario, gracias a él hay vida en nuestro planeta y este no es una enorme bola caliente por dentro y helada por fuera. El efecto invernadero es el que ha preservado sobre la tierra el calor de la vida y no solamente es algo natural (y que hay que aceptar como tal) sino maravilloso. Esta idea, este enfoque naturalista del efecto invernadero, no tiene éxito entre los actuales ecologistas, choca con su espíritu conservador y se procura que no llegue hasta la opinión pública que no entendería que algo bueno se convierta en malo, o más difícil aún de comprender, que algo beneficioso sea al mismo tiempo perjudicial. En esta indudable confusión de ideas, el CO2 ha sido definido como un gas contaminante contra el que hay que luchar porque es el principal responsable del efecto invernadero y como consecuencia, de un cambio climático, que experimentamos hoy pero que no existía en el pasado. Esa lucha ya ha comenzado, la opinión pública mundial ya está concienciada, se han firmado compromisos internacionales como el de Kioto, y la relación CO2/efecto invernadero se da por tan evidente y cierta como que el Sol da vueltas alrededor de la Tierra: algo que todo el mundo ve y con lo que todo el mundo está de acuerdo. ¿O eso era hace cuatro siglos?

Según la actual doctrina ecologista, el CO2 es el principal responsable del efecto invernadero. Esta afirmación se escucha a todas horas y en todos los medios de información. Ha sido reiterada millones de veces y respaldada por el importante organismo internacional de la ONU que es el PICC (Panel Intergubernamental para el Cambio Climático) y los cientos o miles de científicos que trabajan para el mismo. La opinión pública, los políticos (algunos de los cuales saben menos que el hombre de la calle sobre el cambio climático), periodistas, empresarios, profesionales e incluso investigadores y científicos de otras ramas, aceptan como cierta la afirmación ecologista de que el CO2 sea el principal gas causante del efecto invernadero.

¿Hasta qué punto es el principal responsable según los propios ecologistas? Como ejemplo de respuesta podemos tomar los datos reflejados en el libro del ya comentado y último propagandista y "líder" del cambio climático, Al Gore. Según este, el efecto invernadero se debe en un 80% a la acción del anhídrido carbónico. Repito, un 80%. Lo ha dejado bien claro el autor en su impactante libro, considerado en estos momentos por los ecologistas como su nueva Biblia del cambio climático.

No es, sin embargo, una afirmación aislada: transcribo lo que me llega a través de una enciclopedia de orientación ideológica de izquierdas (El País) y simpatizante con el movimiento ecologista respecto a la contribución al efecto invernadero atmosférico por parte del CO_2, y el balance de este efecto entre los diferentes gases que lo causan (entre "todos" los gases que lo producen).

Anhídrido carbónico (CO_2)	76%
Metano (CH_4)	13%
Óxido de nitrógeno (N_2O)	6%
Clorofluorocarbonados (CFCs) y otros	5%

No son las mismas cifras exactamente que las del ex vicepresidente de los Estados Unidos, pero son parecidas y son aceptadas por los miles de ecologistas que se interesan en el tema, que tengo que decir que son pocos en relación a su número total, pero esto es algo en definitiva intrascendente. Lo importante es que son cifras que circulan como válidas entre los que podríamos llamar expertos en el tema del cambio climático. Se dan en nombre de la lucha en favor del medio ambiente y son en la práctica avaladas por el silencio aprobatorio de esos 2.000 científicos que la ONU utiliza para respaldar el cambio climático (si fueran falsas, estos serían los primeros que tendrían que desmentirlas y no sucede así). Esas cifras tienen incluso el respaldo de un Premio Nobel (el del 2007 de la Paz, aunque cueste creerlo). Son por consiguiente cifras importantes, diría incluso que trascendentales. De hecho, muchos fervientes creyentes en el cambio climático piensan que la influencia del CO_2 en el efecto invernadero es aún superior a ese 76% mencionado. Merece la pena analizarlas de forma sencilla como hemos hecho con la historia de la Tierra, con las glaciaciones o con la cantidad de CO_2 de nuestra atmósfera.

Información contradictoria

Una primera sorpresa nos la encontramos al analizar otras fuentes, al mirar por otras ventanas (también comprometidas y simpatizantes con el cambio climático, Wikipedia) que dan otra lista de gases de efecto invernadero con diferencias importantísimas. La segunda lista, también ecologista y por lo visto también válida es la siguiente:

Contribución de los diferentes gases al efecto invernadero:

Anhídrido carbónico (CO2)	54%
Metano (CH4)	18%
Ozono (O3)	13%
Óxido de nitrógeno (N2O)	6%
CFCs y otros	9%

Como el "malo" sigue siendo el CO2 y sigue siendo el principal responsable, parece ser que no importa que lo sea en una proporción del 76% o del 54%, aunque llama mucho la atención el que falte un gas esencial, el mismo que no entra en las demás listas, en ninguna, un gas que parece ser que no existe o que no es gas.

Veamos sin embargo cuales son las cifras dadas por otras fuentes no comprometidas, no interesadas directamente en demostrar la maldad del CO2; miremos por otras ventanas que escribieron sus datos cuando no existía esta pasión por el cambio climático y a las que no se puede por ello de acusar de parcialidad.

El efecto invernadero consiste en que el suelo y los mares se calienten durante el día por la acción de la radiación solar, y se enfríen menos de lo normal durante la noche, porque parte de la radiación infrarroja que emite la Tierra y que escaparía al espacio, rebota en determinados elementos de la atmósfera y al no llega al exterior de esta, evita una importante pérdida de calor.

Los ecologistas y los líderes propagandistas del cambio climático cometen de partida un primer error (o realizan una primera manipulación según su nivel de conocimientos) cuando al referirse al efecto invernadero hablan de "los gases de efecto invernadero". Este efecto no es producido únicamente por gases, eso significaría eliminar de un plumazo las partículas sólidas y líquidas de la atmósfera cuya influencia es muy importante. Polvo, hielo, y sobre todo, agua líquida en las nubes tienen una influencia enorme en dicho efecto. Las nubes, cuando están presentes, son auténticas mantas que arropan el suelo. Creo que todo el mundo habrá vivido la experiencia de ver como en una noche despejada de invierno la temperatura baja varios grados bajo cero y al día siguiente y con el cielo cubierto de nubes, se quedan sobre cero. También hay nubes de hielo a más altura que tienen el mismo efecto y también el polvo de la atmósfera actúa como un aislante. En realidad, la cantidad de polvo en el aire es muy probable que tenga mucha más influencia sobre el clima que los incrementos de CO2. El polvo hace que en primer lugar durante el día el suelo se caliente menos y que ese calor se quede en el aire, calentándolo de esta forma más de lo debido. Durante la noche, hace que el suelo se enfríe menos y de esa forma las oscilaciones térmicas de este son menores y el aire sobre él está más caliente.

No he encontrado datos generales que sean acordes y que me sirvan de referencia sobre la influencia de las partículas sólidas y líquidas de la atmósfera en el efecto invernadero. Sobre esa cifra hay grandes diferencias de apreciación, por la acción de las nubes, pero tomo la de un 25% como muy aceptable, aunque quizás sea un poco baja. Es un porcentaje muy importante y que no figura en los informes catastrofistas de los defensores de maldad del CO2.

El vapor de agua no existe

Pero mucho más importante aún es la contribución que al efecto invernadero tiene un gas al que los ecologistas no citan jamás, de hecho, no existe para ellos. Cuando hablan de "gases de efecto invernadero" dejan ya como hemos visto de lado las partículas sólidas y líquidas: las nubes son agua líquida o hielo en suspensión en el aire, el polvo es materia sólida también en suspensión, no son gases; influyen de forma importante en el efecto invernadero, pero, efectivamente, no son gases. La manipulación queda disimulada. Pero el H2O, el agua en forma de vapor, presente en la atmósfera: ¿No es un gas? Se me hace un poco extraño que en ninguno de los informes emanados de la actividad de tantos científicos, no aparezca por ninguna parte el vapor de agua como gas presente en la atmósfera y como gas de efecto invernadero. ¿Qué sucede, que el vapor de agua no es un gas, que el agua no existe en la atmósfera en estado gaseoso? Un científico no puede cometer tamaño error y seguir considerándose servidor de la ciencia. Será sin duda un servidor del PICC, que será mucho más rentable, será un propagandista, será un líder de opinión en el cambio climático, pero no será un científico: será en todo caso un apóstol de determinadas ideas, un político, un manipulador, pero no un científico. Los políticos están acostumbrados a "ningunear" a sus rivales, pero un investigador no puede ningunear la presencia de un gas en la atmósfera sin el cual ni siquiera existiría la vida. Lo más tremendo del caso, es que el vapor de agua en el aire es el verdadero y principal responsable del efecto invernadero. No me voy a extender en la dipolaridad de la molécula del agua y en el por qué de su gran capacidad para hacer rebotar la radiación infrarroja procedente del suelo durante las noches. Es un hecho, y un hecho importante, porque ese vapor de agua es el responsable del 60% del total del efecto invernadero producido por los gases de la atmósfera. ¿Por qué este dato no aparece en los informes divulgativos de los ecologistas? ¿Por qué no está en sus enciclopedias? ¿Por qué Al Gore no habla de él? Como muy bien dice la canción que este propagandista conocerá muy bien: *the answer, my friend, is blowing in the wind* (la respuesta, amigo mío, está flotando en el viento). Sí, en el viento, en la atmósfera, igual que el vapor de agua, pero no la ven; sorprendente ceguera.

Veamos en una tabla con datos de otras ventanas, de fuentes no comprometidas, hasta donde ha llegado la manipulación de la realidad y de qué forma influye de verdad el CO2 en el cambio climático:

Partículas sólidas y líquidas	25%
Vapor de agua	45%
Anhídrido carbónico	16,2%
Metano	5,4%

Ozono	3,9%
Óxido de nitrógeno	2,7%
CFCs y otros	1,8%

Esta tabla no es la que Moisés bajó del monte Sinaí, pero es realista y perfectamente válida y pone claramente de manifiesto que la contribución del CO2 al efecto invernadero no es ni mucho menos la que se le atribuye como "principal" gas con ese efecto, afirmación que cualquiera de nosotros ha escuchado hasta la saciedad, hasta verdaderamente hartarse. No solamente la cantidad de CO2 que la atmósfera gana cada año es muy pequeña, sino que su protagonismo es secundario.

El papel de cada participante en el efecto invernadero merece la pena ser comentado individualmente. Solo se habla de la influencia del CO2, algo que ya de por sí es inductor a errores, y sin embargo es igual de importante conocer un poco a todos los protagonistas (por más que a algunos los vecinos no les quieran sacar a escena en sus ventanas).

Partículas líquidas y sólidas

Sobre las nubes, tanto de hielo como de agua en suspensión, se podrían escribir varios libros. Son lo más importante del clima y lo más determinante, pero nos olvidaremos de ellas como protagonistas para fijarnos en algunos de sus efectos como comparsas. Las nubes reflejan la luz solar diurna y hacen que el suelo se caliente menos, pero ese no es el efecto invernadero. Las nubes, cuando están presentes, evitan que el suelo se enfríe y lo hacen además de una forma espectacularmente notoria, su efecto invernadero es apabullante por evidente.

Respecto al polvo, ya en el Año Geofísico Internacional, hace más de medio siglo, en 1957, se puso de manifiesto que podía influir de forma apreciable en el clima (por cierto, también fue entonces cuando se dijo que quizás también el aumento de CO2 podría influir en él). El polvo en suspensión en la atmósfera, desde el de las capas bajas a las más altas, tiene primero un efecto de paraguas y luego de radiador. El polvo da sombra durante el día y hace que tierras y mares se calienten menos y que haya menos evaporación, y al mismo tiempo hace que el aire se caliente más durante el día porque la energía que no llega al suelo se queda en este. El polvo en suspensión en la atmósfera procede de los volcanes (la erupción del Pinatubo fue muy importante), del humo y la contaminación industrial, pero sobre todo del suelo seco. El polvo calienta el aire y aumenta la sequedad, y esta aumenta el polvo en el aire. Se produce un círculo vicioso en el que a más calor hay más polvo y con más polvo más calor, pero solamente hasta cierto nivel. Si llega a haber demasiado polvo, el suelo no se calienta y el clima se enfría rápidamente. La extinción de los dinosaurios se atribuye precisamente al polvo atmosférico. El impacto de un enorme meteorito lanzó a las capas altas de la atmósfera gran cantidad de este y su sombra congeló el suelo. Ese impacto pudo ser el que inició una glaciación hace 65 millones de años cuyo resultado fue la desaparición de los dinosaurios y el desarrollo de los mamíferos (aunque también pudo ocurrir —como ya hemos comentado— que simplemente fuera un capítulo más en una glaciación ya iniciada).

Vapor de agua

Respecto al vapor de agua, el tema es mucho más importante de lo que en principio parece y hasta se comprende que los propagandistas del cambio climático se olviden con toda intención de él. El aire contiene en forma de vapor una determinada cantidad de agua que depende de la temperatura además de otros factores. A más temperatura, el aire puede contener más agua. El aire caliente de un desierto puede ser seco por falta de humedad en el suelo, pero podría contener mucha agua si estuviera sobre el mar, por ejemplo. Sin embargo, el aire en los polos, a muy bajas temperaturas, apenas contiene humedad, es aire extremadamente seco. De hecho, los mayores desiertos del mundo respecto al contenido de agua del aire, son los polos. Su extremado frío no solamente se deriva del hecho de que reciben muy poca insolación, sino de que además son los puntos del planeta en los que por haber menos vapor de agua, hay menos efecto invernadero y el suelo se enfría más, además de ser el que menos se calienta.

Cuanto más caliente está el aire, más vapor de agua admite en su seno, hasta que la cantidad de este llega al punto de condensación. Mientras escribo estas líneas el higrómetro de mi ventana indica 18°C de temperatura exterior y una humedad relativa del 60%. A esa temperatura, todavía el aire podría tener un 40% más de humedad. Cuando comience a bajar la temperatura por la noche, irá subiendo la humedad relativa hasta que pasado un cierto límite el aire no pueda contener tanto vapor de agua y esta se condensará sobre el suelo, las ventanas, la hierba, etc. o formará nieblas.

El vapor de agua tiene un potente efecto invernadero, mucho mayor que el del CO2 y más decisivo en el cambio climático. Si la atmósfera está más caliente, admite más vapor de agua. Con un aire más caliente se evapora más agua del suelo y los mares, y se forman menos nubes por condensación. Hay, en definitiva, más vapor de agua y por lo tanto hay también más efecto invernadero. Si el vapor de agua en la atmósfera es responsable por sí solo del 45% del mismo, y si una atmósfera más caliente contiene más vapor de agua, es evidente que con más vapor de agua se incrementará el efecto invernadero. Para colmo, si el polvo en el aire calienta este, se forman menos nubes y la atmósfera tiene más agua en forma de vapor y menos en forma líquida. El ciclo parece evidente: "con más calor, más vapor de agua en el aire; con más vapor de agua, más efecto invernadero, y con más efecto invernadero más calor".

Este fenómeno sí que tiene que ser estudiado con detenimiento, porque parece lógico que sea mucho más determinante en el actual calentamiento global que el efecto que pueda tener un pequeño incremento en la cantidad de CO2. Verdaderamente y vista la cuestión con frialdad y sin la obsesión por el anhídrido carbónico que nos rodea, la importancia del CO2 en el cambio del clima, comparada con la del vapor de agua, podría ser casi despreciable. Probablemente, el actual ciclo de calentamiento esté estrechamente asociado con el vapor de agua en la atmósfera y en todo caso reforzado por otras causas, como el propio ligero incremento, entre otras, del efecto invernadero producido por el CO2.

La cantidad de agua que en forma de vapor contiene la atmósfera es enorme. Aparte del agua líquida y en forma de hielo de las nubes, la atmósfera contiene un volumen inmenso de agua en forma de gas, de vapor. Un metro cúbico de aire a nivel del mar y a 15°C de temperatura, tiene una cantidad que oscila entre los 15 y 30 gramos de agua. Eso, solamente en un metro cúbico. En una columna de un metro cuadrado y de un kilómetro de altura tendríamos entre 15 y 30 kilos de agua, y en un kilómetro cuadrado entre 15 y 30 mil toneladas de agua. Si multiplicamos por los 511 millones de kilómetros cuadrados, obtenemos 15.330 MMT (miles de millones de toneladas). Y eso, solamente en el primer kilómetro de la atmósfera y en unas condiciones bajas de humedad relativa. La cifra total es enorme. No he encontrado una cantidad universalmente admitida como representante de la presencia del vapor de agua en la composición de la atmósfera, porque la cantidad de agua en el aire varía mucho según la latitud y los factores geográficos, pero he dado como aceptable el dato del 0,41% en peso de la atmósfera, que es la cifra más repetida en las diferentes enciclopedias. Si la comparamos con la cantidad de CO2, 0,038%, vemos que hay más de diez veces más vapor de agua que anhídrido carbónico, lo que explica perfectamente que el efecto invernadero producido por este gas sea mucho más intenso e importante que el del CO2.

Comparativamente hablando, los 40 MMT de incremento de CO2 anual en la atmósfera y su influencia en el efecto invernadero, resultan poco frente al producido por el incremento de vapor de agua contenido en una atmósfera que pase de una temperatura media de 15°C a otra de 16°C. A lo largo de los últimos 10.000 años, la atmósfera se ha calentado aproximadamente 4 grados centígrados, y en ese cambio es más que dudoso que el CO_2 haya influido para nada (desde luego, no lo ha hecho el CO_2 de nuestros automóviles, que circulan solo desde hace unos pocos años). El proceso de calentamiento del actual interglaciar no se ha detenido y la influencia de un cambio de únicamente 0,1°C de elevación de temperatura del aire (por el incremento de la cantidad de vapor de agua contenido) es muchísimo mayor en el efecto invernadero que la que pudieran tener los 40 MMT que producimos los seres humanos, aún en el caso de que la totalidad de esta cifra pasase a la atmósfera, lo que tampoco es así.

Metano CH_4

El CH_4, metano, fue uno de los principales gases en la atmósfera primitiva de la Tierra aunque hoy entra en su composición en una proporción mínima. El metano es, a pesar de ello, muy importante en el efecto invernadero porque tiene una capacidad aislante 29 veces más fuerte que la del CO_2 (en otras fuentes se habla de 23 veces). El metano se produce de forma natural por la descomposición anaeróbica (sin presencia de aire) de materia orgánica. Las fuentes más importantes de metano se ha considerado hasta hace muy poco que eran los pantanos y marismas con aguas estancadas, en cuyos fondos se pudren restos orgánicos sin contacto con el aire. También se liberan importantes cantidades de metano de origen antropogénico, es decir, por la acción del hombre. Este es liberado en la explotación de combustibles fósiles (carbón y petróleo), en el cultivo del arroz

(12% del total) y en el proceso de digestión y defecación del ganado (17%). Esto último es poco conocido, pero como curiosidad personal en cierta ocasión calculé que las vacas de este mundo generan más o menos el mismo efecto invernadero que los automóviles. Por supuesto, los ecologistas del mundo entero están "concienciados" respecto al problema que constituyen los últimos, pero no saben casi nada de las vacas. En realidad. Ni saben, ni quieren saber.

Se baraja como cifra relativa a la cantidad de metano incorporada cada año a la atmósfera la de 600 millones de toneladas, o 0,6 MMT. Si comparamos su acción como gas de efecto invernadero con la del anhídrido carbónico, esta no es en absoluto despreciable, ya que los 0,6 MMT de metano, equivalen a 17.4 MMT de CO2, es decir un 43,5% (casi la mitad). La proporción es tan alta que resulta extraño que no se oiga hablar para nada de este gas, y más sorprendente aún es que se tomen medidas importantísimas limitando la producción de CO2 y no se tomen en paralelo para limitar también la de metano. Durante los últimos diez años, en prensa, radio, televisión, discursos políticos y en programas de todo tipo, se ha hablado hasta la saciedad del anhídrido carbónico, pero se habla poco (o se difunde muy poco la información referente al tema) del efecto del metano. La información sobre este gas es del dominio público, yo he llegado a ella igual que pueden llegar millones de personas y, desde luego, 2.000 científicos dedicados a estudiar el efecto invernadero tienen que conocerla.

Antes comenté lo de las vacas y los coches en la contribución equivalente en CO2, el resultado fue: vacas 1.4 MMT, coches 1,63 MMT. Pues hay nada menos que 2.000 científicos, a los que alguien paga, que no se han enterado. Quizás lo que ocurre es que cobran por no enterarse, o para no enterarse.

Un estudio sorprendente

Pasa algo raro con el metano y el conservadurismo climático y han sido precisamente mis queridos árboles los que han dado la campanada llamando la atención sobre la falta de rigor de los presupuestos ecologistas. En el año 2007, dos investigadores austriacos, Frank Keppler y Thomas Röckmann, trabajando en el Instituto Max Planck de Física Nuclear de Heidelberg, descubrieron que las plantas producen metano de forma natural en su proceso de metabolismo biológico. Y, como ellos mismos escribieron: "no en pequeñas cantidades". Mil toneladas de materia vegetal viva producen cada hora entre 0,2 gramos como mínimo y 3 gramos como máximo de metano. La cantidad parece pequeña, pero esos 3 gramos por hora al cabo del año representan más de 26 kilos. Con un criterio muy conservador y casi pidiendo perdón a todo el mundo por su descubrimiento (especialmente a los ecologistas) los descubridores de este fenómeno calcularon que la cantidad de metano producida por la cobertura vegetal del planeta podría estar en torno a los 240 millones de toneladas (con otro criterio no tan conservador, esa cantidad podría igualar a la del metano antropogénico, 600 millones de toneladas).

Es muy importante señalar que el descubrimiento de Keppler y Röckmann tiene todas las características del típico descubrimiento científico, no es una especulación. Se ha publicado, se ha descrito el método de trabajo y cualquier otro investigador en el mundo puede repetirlo y comprobar su veracidad. Por otra parte, fue en seguida confirmado por mediciones realizadas desde satélite sobre la concentración de metano en la atmósfera, a través de las cuales se había comprobado extrañamente, que sobre las zonas tropicales boscosas había mucho más metano que sobre zonas más frías en las que se concentraba, sin embargo, la producción antropogénica de este gas. La producción de metano natural puede ser tan importante como la artificial (eso suponiendo que cultivar arroz o criar ganado, no sea algo natural).

Si sumamos el metano "tropical" al generado por el hombre y multiplicamos su acción por 29 para buscar la equivalencia con el CO2, vemos que la importancia de este gas en el efecto invernadero es casi equivalente a la del anhídrido carbónico (y ese dato aún no figura en las enciclopedias populares que he utilizado como fuentes, y será difícil que figure por considerarse sus datos poco favorables a los conservadores del cambio climático). Esto obliga a reducir aún más la influencia del CO2 antropogénico en el supuesto efecto invernadero y cambio climático de él derivado. Sin embargo, la acción del IPCC se focaliza en el CO2 y en los informes de sus 2.000 científicos parece que solamente se habla de él. ¿Por qué?

Ventana quinta

El PICC y los ecologistas

El Panel Intergubernamental para el Cambio Climático (PICC) es un organismo de la ONU creado en el año 1988 a partir de la Organización Meteorológica Mundial y del Programa de la Naciones Unidas para el Medio Ambiente. Su objetivo fundacional es: "Concentrar la información científica disponible sobre el cambio climático, determinar las consecuencias ambientales y sociopolíticas del calentamiento y formular estrategias de respuesta al mismo".

El primer informe del PICC fue publicado en 1990, el segundo en 1996 y se han publicado otros dos en los años 2001 y 2007. Los informes se elaboran a partir del trabajo de diferentes grupos de científicos de distintas partes del mundo. Ese numeroso grupo de investigadores es el que los activistas del cambio climático citan asegurando que la opinión de 2.000 expertos del mundo entero no puede estar equivocada. Sin embargo, entre esas opiniones individualizadas y la postura conjunta del PICC existe una gran diferencia, porque aunque los cuatro informes del PICC estén sostenidos por el trabajo de esas 2.000 personas, el propio PICC no es un organismo científico, sino político. Los resultados que trascienden a la opinión pública no son los propios trabajos científicos, sino los resúmenes previos "Summary for Policymakers" hechos por políticos y dirigidos a políticos.

El PICC se presenta ante la opinión pública revestido de la seriedad científica de sus 2.000 investigadores, pero desde su mismo origen arranca dejando a un lado la ciencia. La criatura nace hija del matrimonio de dos organizaciones, una científica, la Organización Meteorológica Mundial, y otra política, el Programa de las Naciones Unidas para el Medio Ambiente, lo cual está muy bien, pero para comprender al PICC basta sencillamente analizar su objetivo fundacional que en sí mismo encierra una parcialidad pasmosa y una evidente actitud política evidente en su principio fundacional que merece la pena analizar con más detalle.

"Concentrar la información científica disponible sobre el cambio climático, determinar las consecuencias ambientales y sociopolíticas del calentamiento y formular estrategias de respuesta al mismo".

En esta declaración no se habla del estudio del cambio del clima, sino del "cambio climático" dando por sentado que este fenómeno es algo nuevo y desde luego que es causado por la actividad humana. ¿Qué ocurriría si no existiese ese "cambio climático" y si simplemente el clima esté siguiendo su evolución natural, que en estos momentos es evidente que sigue un proceso de calentamiento? Pues que el PICC no podría existir, no tendría sentido. El PICC arranca de un acto de fe, una opinión si se quiere, una teoría, y luego trabaja para demostrar que esta es cierta concentrando la "información científica disponible" con lo que abiertamente se está diciendo que los trabajos científicos que pongan en duda su principio fundacional, no tienen cabida en él y no serán tenidos en cuenta (desde luego no serán bien recibidos, ni serán financiados ni divulgados porque no siguen la doctrina "oficial" del mismo).

El resto de la declaración de sus objetivos no oculta tampoco lo más mínimo su absoluto contenido político. No se decide estudiar las consecuencias geofísicas del cambio en el clima, sino las medioambientales y sociopolíticas. Y mucho más aún, no se plantea el que el PICC sea un origen de datos y un organismo asesor para los diferentes gobiernos del mundo, sino que asume el protagonismo de "formular estrategias de respuesta al mismo", en resumen, es un nuevo organismo que lo que busca es poder e influencia y pretende hacerlo a escala universal y por encima de los diferentes gobiernos nacionales.

Tras el PICC hay muchos aspectos, demasiados, que plantean dudas sobre su imparcialidad. Sorprende un poco en primer lugar que una idea científica tenga que ser avalada (o sostenida) por nada menos que 2.000 científicos de diversas disciplinas y nacionalidades. Es algo que choca contra el concepto mismo de lo que es la ciencia. Si una idea es científicamente comprobable y correcta, basta con que la firme un único investigador, los otros 1.999 sobran, tendrían simplemente el papel de fedatarios comprobando que la idea es cierta, algo que, por otra parte, podrían hacer igualmente el resto de los miles y miles de científicos que hay en el mundo entero. En un número tan abultado de personas que respaldan el cambio climático y lo atribuyen a la acción humana, y en concreto a la producción de CO2 como un subproducto del desarrollo industrial y del alto nivel de vida, hay un principio de falsedad. Un hecho científico tiene que ser comprobado y verificado por cualquiera, no solo por un grupo numeroso de personas seleccionadas para que lo hagan de espaldas al resto del mundo de la ciencia.

Parece que se busca la verdad no en los hechos mismos estudiados, sino en el elevado número de firmas que están de acuerdo con ellos, que los interpretan y sostienen. Una realidad científica, sin embargo, se sostiene por sí misma, no necesita ser "sostenida" por nadie. El que 2.000 personas tengan que decir públicamente que están de acuerdo con unas conclusiones, parece indicar que estas no se basan en hechos demostrables, sino en opiniones.

La cifra tiene además un claro tono propagandístico: lo que opinan 2.000 científicos ¡nada más y nada menos! no puede ser más que la verdad, tantas personas, tantos científicos, no pueden estar equivocados. La verdad, sin embargo, no necesita tanta gente detrás de ella, eso es necesario en el mundo de la política y la propaganda, pero no en el de la ciencia. El PICC se presenta ante la opinión pública como un organismo científico, pero tiene un carácter claramente político, y para los políticos la realidad científica es algo secundario y en todo caso manipulable. En el mundo hay cientos de miles de investigadores y conseguir el compromiso de 2.000 de ellos en la defensa de una idea política es muy sencillo. La cifra parece en principio espectacular y convincente, pero carece de valor. Que un importante organismo de la ONU aglutine a tantas personas en defensa de una doctrina comprometida con el movimiento ecológico y además con una postura política de izquierdas y anticapitalista, es facilísimo. Pensada con calma, la cifra es en realidad ridícula y lo más probable es que detrás de esas firmas haya otras 25.000 que estarían con gusto en el equipo de los elegidos y se subirían encantados al carro, sobretodo cuando el carro es el de los ganadores, porque no cabe duda de que la opinión pública mundial ha dado credibilidad al PICC.

Firmas comprometidas

Los trabajos de esos 2.000 investigadores tienen los pies de barro. Primero porque únicamente se estudia en una dirección y no se tienen en cuenta los estudios que no favorecen el principio fundacional del PICC. Segundo, porque, efectivamente, el PICC es el que decide y el que manipula los informes de sus científicos, magnificando unos y soslayando otros de acuerdo con su interés de concentrar la información favorable. En realidad el problema tiene mucho más calado y es mucho más importante, porque la ecología, hoy, no es por su parte tampoco un movimiento únicamente científico, sino ideológico y político. Hay millones de personas comprometidas con ella por posturas personales que de ecología saben muy poco y que además están educados en una visión idealizada de su entorno y nada conforme con la realidad de la Naturaleza. Ese movimiento ideológico simpatiza en bloque con el PICC y esto proporciona a esta organización una gran fuerza, pero de todas formas sería necesario el aval de la ciencia.

Pero este no es posible porque el PICC arranca de una posición de falsedad, de un engaño a la sociedad. Las montañas son algo estable, el curso de los ríos es algo estable, la línea de las costas es algo estable, y el clima es igualmente estable. Pero en estos momentos y desde hace 150 años, está cambiando, luego cambia por la acción del hombre. Esa es la gran mentira, comenzar a actuar como si el clima fuera algo inmutable y predecible, que es lo que la gente desea y lo que la gente espera y a continuación demostrar que está cambiando y buscar una causa ajustada a sus intereses para el cambio. Para esto solo es necesario demostrar que el cambio existe. Esto es una obra maestra del fraude y de la manipulación, de la demagogia en una palabra, basada además en la ignorancia de la masa de la población, pero no es científica ni pude admitirse como tal. Por eso son necesarias tantas firmas que en realidad no tienen ningún valor. Simplemente por simpatía y convencimiento personal en el mundo hay muchísimos más investigadores encantados de avalar las posturas del PICC y subirse al carro de los triunfadores. Esto es lo malo que tienen los movimientos ideológicos: que la verdad pasa a ser lo que afirman. El resultado es que tras este organismo de la ONU, no hay ciencia en estado puro, hay concienciación, hay ideología, hay propaganda, hay actitudes políticas, hay intereses de grupo y, para colmo, hay intereses personales. Crear un "lobby" de 2.000 personas que se suben al carro del ganador, es en realidad mucho más fácil de lo que parece y que esto lo consiga un organismo dependiente de la ONU, facilísimo. Pero la fuerza de las ideas no está en el número de los que las sostienen, sino en ellas mismas. Precisamente resulta anormal y chocante que el PICC necesite una especie de oficina de propaganda integrada por tantas personas. Sobran todas. Este organismo no tendría que tener a nadie detrás, tendría que tener una verdad científica, respaldada por todo el mundo de la ciencia, que no tiene. Si el propio PICC abriera mañana un registro de científicos que ponen en duda el cambio climático antropogénico, una especie de comisión que actuara como abogado del diablo, lo más probable es que fueran muchas más las firmas en contra que a favor. La verdad, se sostiene sola. El principio de sostenibilidad, muy querido para la izquierda, es un principio falso. La verdad científica, repito, no es necesario sostenerla, lo que sí que es necesario "sostener" es la falsedad.

Seriedad individual

Los 2.000 técnicos repartidos en grupos de trabajo ¿son todos ellos unos embaucadores? No lo creo así. En ese amplísimo grupo de gente es seguro que habrá excelentes investigadores y muchas personas de buena fe que creen firmemente en el cambio climático, porque un fenómeno psicológico que afecta a millones de personas tiene que incluir entre ellas a miles de técnicos. De todas formas, en los últimos tiempos ha habido destacadas personalidades del mundo de la ciencia contratados por el PICC que se han apartado de sus grupos de trabajo porque las conclusiones de este organismo no tenían nada que ver con los informes por ellos presentados. Muchos más serán aquellos a los que les gustaría hacer lo mismo y recuperar su imparcialidad científica, pero eso es difícil, incómodo y costoso en un momento en el que el cambio climático está de moda y el dinero que se invierte se gasta para demostrar que existe, no para lo contrario. A nadie le apetece perder encargos, subvenciones, contratos de estudios, becas, cátedras, etc. etc., y como lo que está de moda es el cambio climático, los apoyos para demostrar que el mismo tiene causas antropogénicas es lógico que broten como hongos en otoño, mientras que los trabajos que lo pongan en duda serán nefastos para sus autores.

De todas formas es natural que la gran mayoría de investigadores del PICC sean gente afín al PICC, fieles seguidores de una idea a la que todo se adapta. El PICC ha seleccionado a las personas que le interesaban, a las que tienen fe en el cambio climático y aceptan el dogma sin discutirlo, no a las que dudan del mismo y piensan que no se tienen datos concluyentes. El núcleo de esos investigadores es lógico que lo forme un grupo de investigadores convencidos de que el cambio climático tiene causas antropogénicas y desean trabajar para demostrarlo. El problema es que aquellos cuyo trabajo pueda ir en otras direcciones o pueda poner en duda el fin que el PICC y los ecologistas tratan de demostrar, no solamente no formarán parte de sus grupos de trabajo, sino que automáticamente se han convertido en enemigos de la ciencia, y esto es algo que claramente se percibe en el mundo de la investigación. De hecho, hay mucha gente que se está quejando de la parcialidad que existe en la investigación de la física de la Tierra. No estamos frente a un movimiento científico internacional como el Año Geofísico de 1957, nacido de la ciencia y formado por científicos. Estamos frente a un movimiento geopolítico escondido tras una pantalla de ciencia. Los que ponen sus velas para aprovechar el viento de moda reciben todo tipo de ayudas, sus proyectos se financian, etc, etc, y los que navegan siguiendo sus propios rumbos lo hacen en solitario (y contentos si no reciben represalias).

En esencia, las investigaciones del PICC pretenden poner de manifiesto que existe el cambio en el clima y demostrar que tiene causas antropogénicas. Sobre lo primero, la existencia de ese cambio, no son necesarias tan abultadas alforjas para ese viaje, la existencia de este calentamiento global desde hace 10.000 años es evidente, universalmente aceptada y se sabe perfectamente que estamos en la fase de calentamiento de un período interglaciar muy reciente y muy rápida, aunque esto último es algo que el PICC oculta a la opinión pública (que tiene la idea de que la última glaciación se produjo hace millones de años). Si alguien tiene dudas respecto a esto que haga la prueba en el trabajo, entre sus amistades o con parientes, preguntándoles por la fecha de la última glaciación.

Es muy diferente demostrar que el clima ha empezado a cambiar a demostrar que el clima "sigue" cambiando, y eso es algo muy distinto. Respecto a que ese cambio tenga lugar por causas antropogénicas, es perfectamente válido que se marque ese objetivo como meta de una investigación, no hay que escandalizarse por ello, y quienes trabajan para demostrar esa idea lo harán sin duda de la forma más ética. Pero es necesario demostrar primero las cosas y luego creer en ellas, y con el cambio climático sucede al revés. Dentro de ese amplio grupo de científicos que respaldan al PICC, es indudable que habrá excelentes geofísicos, meteorólogos, oceanógrafos, astrónomos, etc, pero ninguno de ellos nos da su opinión como tal directamente, sino que pasan sus informes científicos al PICC, que no es un organismo científico y que esos informes los filtra y selecciona convenientemente. De esta forma el PICC es el que da su opinión, y sus científicos quienes la respaldan. Pero seamos realistas, las opiniones de unos señores que cobran por darlas, no son sus opiniones, son las opiniones de quien les paga. Da toda la impresión de que los grupos de trabajo de este organismo funcionan todos bajo las mismas premisas: primero se da por sentado que las sociedades industrializadas son responsables del cambio climático y luego se busca a los científicos que lo demuestren y a los líderes que convenzan a la opinión pública. Dentro de poco nos dirán que esos líderes son expertos en el tema (en España a esos líderes los ha formado personalmente hace poco Al Gore que es un gran científico, como todo el mundo sabe).

Al Gore y olé

El cambio climático antropogénico es simplemente una teoría política, pero se presenta ante el público de la calle como una realidad absoluta, y eso necesita de unos agentes propagandistas que ellos mismos han optado por llamarse "líderes del cambio climático".

Tengo muchas dudas sobre el verdadero valor científico de los apóstoles de ese cambio. Para muestra basta un botón: En octubre de 2007 Al Gore estuvo en Sevilla donde personalmente formó un grupo de 200 líderes españoles de cambio climático (noticia tomada literalmente de la prensa escrita). Lo que hizo este señor en Andalucía es crear un grupo de presión, un grupo de propagandistas, un grupo ideológico. Así es como se quiere demostrar el famoso cambio climático y la pretendida maldad del CO2: con propaganda y con presiones. Para entender lo que son esos líderes españoles (agrupados en el The Climate Project Spain creado por Al Gore) tomamos algunas objetivas frases de un artículo publicado por uno de sus miembros: "... el mismo Arrhenius estimó un aumento de 5°C con tan solo duplicar la cantidad de CO2 en la atmósfera." Tan solo; como si tal cosa. Para duplicar el CO2 de la atmósfera tendríamos que añadir a la misma más o menos el que al ritmo actual produciría la humanidad durante los próximos 500 años. Tan solo, en cuanto que nos descuidemos un poco.

Otra de sus frases: "El 14 de marzo de 2007 el Channel 4 británico emitió The Great Global Warming Swindle, documental dirigido por Martin Durkin y financiado por el conocido conspiranoico y senador republicano Lyndon La Rouche..." La fraseología es perfectamente definitoria de lo que es uno de los 200 líderes del cambio climático a los que Al Gore ha dado su diploma (además de contarles que Lyndon La Rouche, que no tengo ni idea ni la he tenido nunca ni la tendré sobre quien es, es un "conocido conspiranoico nada menos).

Respecto de la figura de Al Gore no puedo personalmente dejar de hacer algunos comentarios. El primero es que me resulta difícil aceptar las opiniones ecologistas de un señor que anualmente paga una factura de luz en su casa particular de 30.000 dólares. Por otra parte, el que un vicepresidente de los Estados Unidos venga a España a darnos lecciones de defensa de la naturaleza, me parece muy bien, pero me suena igual que si nosotros mandamos a un torero para que les hable a los yanquis del mismo tema. Desde luego, un vicepresidente de los Estados Unidos puede saber mucho del tema... y un torero también. En Estados Unidos hay cientos de universidades de prestigio y miles de investigadores de altísima categoría, incluyendo algunas docenas de premios Nobel. ¿Nos mandan al rector de una de estas universidades, nos mandan a un premio Nobel? No, nos mandan a un señor famoso por dar su nombre a un tejido (Gore-Tex), multimillonario y snob.

Pero esto es muy curioso, porque esta frase se escribió en el año 2007 justo antes de que ocurriera algo muy pintoresco: a Al Gore la Academia Sueca de Ciencias le concedió el Premio Nobel de la Paz junto con el PICC. Premio Nobel, sí, y que todo el mundo asociaría a los premios científicos creados por la famosa familia sueca fabricante de explosivos militares, pero que no es un premio científico, sino político.

¿Quién avala científicamente a este señor para que nos de lecciones de ciencia? Le avala su carrera política y la vicepresidencia de los Estados Unidos. Le avala su ambición de poder, su habilidad política, su oportunismo. Le avala el ser un multimillonario norteamericano, un hombre de éxito y ahora le avala un premio Nobel, así que sus disparates científicos los tenemos que aceptar como ciertos. Sin comentarios.

Al Gore pasa en estos momentos por ser entre los ecologistas un denunciante desde el otro bando (porque es y ha sido un chico guapo americano, rico, de derechas y ambicioso, y hoy los ecologistas son de izquierdas). Gracias a su libro titulado "Una Verdad Incómoda", el mundo de la ecología y el lobby izquierdista del cambio climático le han colocado en primera línea propagandística de sus ideas catastrofistas, oportunistas, poco realistas y para colmo absurdas. Por otra parte, dar el título de libro a esa publicación ya me parece poco respetuoso con la palabra "libro". Editorialmente es un trabajo realizado con técnicas publicitarias, la maquetación y la presentación son más las de un gran "folleto" que las de un libro, y aunque su forma externa sea la de uno de estos, la publicación no oculta su carácter propagandístico y superficial en la forma de su realización. Conceptualmente también está estructurado como un conjunto de cortos mensajes publicitarios en el que el autor cuenta de sí mismo —en cuatro líneas— que es muy buen chico, de muy buena familia, que ha estudiado en una buena universidad, que se casó con una rubia muy guapa, y que los dos son muy amantes de sus hijos y muy sensibles a los problemas medioambientales causados por sus conciudadanos norteamericanos y por la sociedad en la que han vivido y viven inmersos y a todo lujo. Nos dice además que el cambio climático será terrible por sus consecuencias, que el huracán Katrina fue una de ellas (eso a los norteamericanos les afecta mucho más, pues desde nuestra lejanía para nosotros el Katrina fue un huracán más como los que hace 500 años hundían los barcos españoles que venían de Cuba). Se dan unos cuantos datos muy gráficos sobre cómo ha cambiado el clima en los últimos 150 años, se incluyen las consabidas y emocionantes fotos de los glaciares en retroceso y de los barcos sobre la arena del mar de

Aral, y se dedican 14 páginas a mostrarnos cómo será la geografía de nuestro mundo dentro de 50 años con un nivel del mar 6 metros más alto que el actual. El nivel del mar ha ascendido en los últimos 150 años a razón de 0,1 cm por año y así lo sigue haciendo, pero según Al Gore a partir del 2007 ya sube a razón de 12 cm por año (120 veces más de lo que realmente está subiendo, con lo que entre el 2008 y el 2022 tendría que haber subido 1,8 metros, lo cual es verdaderamente estúpido afirmar). Esto último es una completa y absoluta manipulación, ya que esa cifra no la baraja ni el peor pronóstico de los catastrofistas para dentro de un siglo. Por supuesto, la culpa de todo la tiene el CO2, que según el autor es responsable del 80% del efecto invernadero (otra falsedad que resulta hasta ridícula por su exageración). Nos dice también que el nivel de CO2 en la atmósfera gana 40 MMT debido a la acción humana, pero no nos dice que pierde aún mucho más por la acción de árboles y plantas y que en su conjunto la atmósfera no tenía que haber ganado, sino perdido anhídrido carbónico. La realidad es que el balance de CO2 en la atmósfera es algo muchísimo más complicado de lo que se nos presenta y no somos los únicos que intervenimos en él y por ello no tiene sentido culpabilizar a nuestra sociedad por hacer lo que ha hecho siempre: respirar.

La publicación es falsa, manipuladora, no aporta nada salvo el propio testimonio del autor y es de una absoluta pobreza cultural. Después de leerlo con cierto espíritu crítico, lo único que queda claro es que la "verdad incómoda" es el snobismo de su autor y la falta de argumentos científicos en favor de su tesis.

Politizar la ciencia

El PICC es un órgano político y propagandístico que se apoya en el respaldo de un grupo de científicos afines a sus objetivos y que en realidad no han aportado al tema más que opiniones y trabajos parciales y no imparciales. El PICC ha conseguido politizar la ciencia y no le han faltado los entusiastas colaboradores para ello. El PICC ha triunfado plenamente y hoy la ciencia está politizada (con la colaboración de los científicos suecos, desde luego). Respecto a los ciegos seguidores del PICC, los famosos líderes del cambio climático, en el fondo son la imagen misma de la ingenuidad. Cuando se estudia algo tan complejo como nuestro clima y su cambio, el creer que con un poco menos de CO2 se arreglarán las cosas en un plazo de 50 años, resulta verdaderamente infantil. El fuego siempre ha sido un fenómeno natural y quemar gasolina, petróleo y carbón, no es nada antinatural. Pensar que el CO2 devuelto a la atmósfera por la actividad humana es el responsable del cambio climático y que con su control o su limitación se evitará que este se produzca, es de una simplicidad sorprendente.

Es evidente que el clima es algo muy complejo. En el clima influye el mar, el sol, el suelo, la urbanización de grandes extensiones del mismo, la agricultura, la deforestación, la desertización, el polvo de la atmósfera y, también sin duda, los gases con efecto invernadero, entre ellos el vapor de agua que es el más importante de todos, y también el CO2 además del metano y otros que se producen en menor cantidad pero que no por ello dejan de ser importantes. Es muy simple y demasiado ingenuo pensar que todo se debe a un pequeñísimo incremento anual del CO2, y que esa sea la causa de todos los males climatológicos, y que con su control se solucionarán todos los problemas. Es tan quimérico pensar que un problema tan complejo se pueda resolver de una forma tan simple, que no puede uno más que dudar sobre la sinceridad de los autores de esta idea. El PICC ha focalizado el problema en el anhídrido carbónico porque es lo que le interesa y con ello no solamente no está colaborando a una verdadera lucha contra el cambio del clima, sino que es un estorbo en la misma. Para lograr esto el PICC ha hecho algo que es culturalmente nefasto aunque a ellos, como políticos, les parece lo más sensato del mundo: politizar la ciencia. Esto último es en sí mismo algo anticientífico y constituye un verdadero insulto a la cultura y a la ciencia misma, a la que se degrada quitándole lo más sagrado que tiene: la credibilidad.

Cuentos para mayores

Cuando somos niños, nos encanta que nos cuenten cuentos. De adultos, nos sigue encantando. Cuentos son Blancanieves o Pulgarcito, cuentos para niños, pero también cuentos son Papá Noel o los Reyes Magos o la vida de Buda (que nadie se sienta ofendido por estas afirmaciones), cuentos para adultos, cuentos que la sociedad agradece, que se siente a gusto con ellos. Los ecologistas también han inventado sus cuentos y a la gente le encanta que se los cuenten. El "cambio climático" es uno de ellos y es un cuento como la copa de un pino, pero que tampoco nadie se dé por ofendido, contar cuentos no es malo, lo malo es contarlos y creérselos, contarlos y luego decir que 2.000 científicos los avalan como ciertos. Contarlos y luego crear un impuesto basado en ellos.

No creo en el dogma del CO2. Que el cambio del clima es una realidad, no hace falta que me lo diga el PICC, ya lo publicaron los geofísicos hace cincuenta años. Que ese cambio lo origine el CO2 me parece una pura especulación carente además de lógica, e incluso el CO2 me parece el mejor y más natural de los gases. No creo en la religión ecologista, pero en quien no creo en absoluto, es en el PICC, un organismo obligado a poseer la verdad, que no puede aceptar otra alternativa y que ni siquiera puede admitir el que se dude de la misma, porque ello significaría su inmediata desaparición. El PICC está forzado por sus principios fundacionales a tener una visión parcial, no es que lo que dice no sea cierto, o que los trabajos de sus miles de colaboradores no sean correctos, es que solamente dice lo que le interesa, y sus investigadores trabajan únicamente en la dirección que al PICC le conviene, tiene una visión parcial del problema. No se busca la verdad, se convierten en verdad los propios objetivos.

Error de posición

La postura de los ecologistas con respecto a la maldad del CO2 me parece equivocada. No solamente creo que se han equivocado, pienso que les han metido un verdadero gol y que están siendo utilizados para con su entusiasmo lograr el establecimiento de todo un nuevo sistema de impuestos supuestamente fundamentado en la lucha contra el CO2. La aportación de los movimientos ecologistas a favor del Medio Ambiente creo que ha sido extraordinaria en los últimos años, pero en estos momentos soy de la opinión que sigue una dirección equivocada. La movilización que de la opinión pública hicieron (o contribuyeron de forma importante a lograr) los ecologistas en el pasado respecto al problema del "smog", creo que fue esencial para que este dejara de ser un problema en muchas grandes capitales del mundo. También pienso que lo ha sido su aportación al control de los CFCs, auténticos venenos atmosféricos, y su aportación en la lucha contra la "lluvia ácida" también. Pero su postura con respecto al CO2 me parece errónea e incluso ingenua. Con el "smog", con la "lluvia ácida" con los CFCs, con el SO2, había unos claros motivos ecológicos detrás. Tras el CO2 únicamente se perciben motivaciones políticas y económicas, porque ecológicamente el anhídrido carbónico es un gas maravilloso.

Otra forma de sentir

Hay mucha gente interesada en la Naturaleza y no comprometida con los ecologistas, que piensa que la existencia de sus ideas puede ser sana y beneficiosa para la sociedad. Jamás he conocido a ningún ecologista, ni nunca he leído ni escuchado a nadie de la izquierda que piense lo mismo de los que no están de acuerdo con sus afirmaciones. Y sucede así porque estas son principios, son dogmas y todo lo demás se basa en ellos. Si los principios no son absolutamente ciertos, si no son sacrosantos, si se duda de ellos, todo el resto del edificio se tambalea. La democracia para la izquierda, por ejemplo, es algo muy pintoresco, sirve para que la izquierda o el socialismo en cualquiera de sus grados gane unas elecciones y alcance el poder. Una vez ganado, como su forma de gobierno es perfecta, sobra la democracia, ya no es necesaria, ha cumplido su misión de poner el gobierno en las manos adecuadas. No se admite que la derecha sea democrática y la aceptación de esta idea (más bien de esta aplastante realidad) les parece algo abominable. En España, cuando Felipe González perdió unas elecciones, todos los de izquierdas se quedaron con el resquemor de haber sido objeto de un fraude, de que al pueblo se le había engañado. Si la derecha gana, es porque ha engañado al pueblo, porque ellos creen ser el pueblo. Democráticamente a la izquierda no se le puede derrotar porque piensan que solo ellos son la democracia: fuera de sus filas, la democracia sencillamente no existe, no puede existir. Si pierden, por ello, es por culpa de poderes fácticos, intereses oscuros, pactos inconfesables, no admiten la posibilidad de estar equivocados, se sienten el pueblo, se sienten la masa, se sienten el colectivo y esta representatividad es sagrada e intocable. Si alguien lo pone en duda es que está endemoniado (la frase no es mía, sino de un amigo de ideas izquierdistas). La derecha es falsa y perniciosa y por eso tiene que desaparecer. Lo malo es que esto no lo dice uno solo, como en el caso del Papa, lo dicen cientos, miles...todos. Y el fenómeno se repite con los ecologistas porque estos se han integrado en la forma de pensamiento izquierdista: quien critica a los ecologistas, ataca a la Naturaleza (esta afirmación la pueden comprobar una y mil veces si es necesario). Es exactamente lo mismo que sucede con quien critica las ideas de izquierda, ataca a la democracia.

Manipulación de ideas

Es una lástima, pero la ecología, efectivamente, ha caído en malas manos, se ha convertido en un movimiento político, y eso le está haciendo mucho daño. Se echa mucho de menos la existencia de un contra movimiento cultural que deje la concienciación política a un lado y enfoque los problemas con ecuanimidad. Pero eso no es fácil. El movimiento ecológico se considera en posesión de la verdad y no admite ni críticas ni dudas. Además, se ha profesionalizado. Ya no puede dar marcha atrás. Hace unos años, la sociedad, todos, dimos un cheque en blanco a los movimientos en defensa de la naturaleza, la izquierda se dio cuenta en seguida y decidió quedarse con él. El pensamiento de izquierdas funciona como las langostas, tiene que devorarlo todo, poder ejecutivo, poder legislativo, educación, poder mediático, cultura, tiene que incorporarlo todo para conseguir que el mundo tenga un planteamiento colectivo y ahora pretende incorporar la ciencia, que es algo que está en manos de solamente unos pocos y eso no se puede tolerar: ese exclusivismo, ese privilegio, es de derechas.

El que el CO2 sea un gas contaminante fue una idea revolucionaria en el mundo de la ciencia a principios de los ochenta del siglo pasado. Hoy es tan aceptada que lo revolucionario es precisamente afirmar lo contrario. Pero claro, las ideas verdaderamente revolucionarias, son las que propugna la izquierda, si esas ideas van contra sus principios, dejan de ser revolucionarias y pasan a ser reaccionarias. El diccionario de la Academia define la revolución como: "perturbación, alboroto, rebelión, o en el caso de tratarse de política, cambio violento en las instituciones políticas de una nación". Es una definición neutral que contrasta con la que da una enciclopedia comprometida con la izquierda: "se aplica especialmente al derrocamiento de un régimen social y político caduco para instaurar uno nuevo progresista". Llama la atención la amplitud de la primera definición y la parcialidad de la segunda. De esta forma, lo que hicieron los comunistas rusos para derrocar la monarquía dictatorial del Zar, fue una revolución, lo que después hicieron los húngaros para derrocar el régimen dictatorial comunista, no. Tampoco han sido revoluciones la caída de comunismo en Rusia o la del Muro de Berlín en Alemania. Tampoco son revolucionarias las ideas que van contra los principios ideológicos de las izquierdas cuando estas suponen una perturbación, alboroto o rebelión, en este caso contra los principios sostenidos por las autoridades. Afirmar que el anhídrido carbónico es un gas maravillosamente natural y beneficioso para el mundo vegetal, es verdaderamente una idea revolucionaria, aunque toda la izquierda en bloque y todos los ecologistas al unísono afirmarán escandalizados que se trata de una idea reaccionaria. ¿Seré yo también, como autor de este libro, un conspiranoico? Probablemente sí, y con toda seguridad mis cómplices sean mis queridas setas, porque todos estos pensamientos se me ocurren cuando estoy por el monte buscándolas mirando al suelo en posición meditabunda, ellas son las que me inspiran. La próxima vez que encuentre un *Boletus edulis*, le voy a llamar conspiranoico.

En los años sesenta y setenta del siglo pasado, tanto

en Europa como en Estados Unidos, Japón, Canadá y otros países industrializados, se produjo un movimiento popular de revalorización del patrimonio natural y de recuperación de una cultura rural en gran parte perdidos en el seno de una sociedad próspera, pero muy alejada de la Naturaleza y destructiva con la misma. La falta de cultura natural en el hombre urbano, y sobre todo la pérdida de cultura que significó para muchos millones de personas el dejar de vivir en un entorno rural, provocó un enorme interés hacia la Naturaleza que en un principio fue fomentado y alimentado por los que entonces se llamaban naturalistas. En las charlas, artículos y reportajes divulgativos de aquellos primeros defensores de la Naturaleza, que aún no se llamaban ecologistas y se consideraban simplemente amantes y defensores de la misma, totalmente ajenos a movimiento político alguno, nacieron y se popularizaron los conceptos de medio ambiente y de ecología.

En aquella época se tuvo por primera vez en la larguísima historia de la humanidad conciencia de que no era necesario seguir luchando contra la Naturaleza, como el hombre había hecho siempre desde tiempos remotos, porque la Naturaleza había perdido la batalla y de lo que se trataba era de que la derrotada no muriera. El movimiento cultural que aquellas gentes crearon tuvo un carácter totalmente apolítico y fue un movimiento masivamente respaldado por las sociedades de los países ricos e industrializados. Fue en ese momento cuando atrajo como un imán a las gentes con ideas de izquierdas que simpatizaron con la ecología y la defensa del medio ambiente, hicieron suyas sus ideas y las identificaron como movimientos culturales propios y exclusivos.

El movimiento en defensa de una Naturaleza derrotada, no nació ni mucho menos como movimiento cultural de izquierdas. Nació como verdadero impulso cultural y científico, sin compromisos políticos, pero la tentación de su utilización y manipulación fue demasiado fuerte.

Esto ha hecho y está haciendo mucho daño al movimiento de defensa de la naturaleza (utilizo el término de los años sesenta con toda intención). ¿Por qué? Pues sencillamente porque el mundo de las ideas y de la política de izquierdas no se ha puesto al servicio de la Naturaleza, sino que a puesto a la Naturaleza a su servicio. En manos de la izquierda ecológica, medio ambiente, cambio climático y C02, son armas para luchar contra la derecha, el capitalismo, los bancos, las multinacionales, las industrias de los países ricos y las desigualdades sociales promovidas por la derecha y su afán de progreso.

La ecología y la defensa del medio ambiente han caído, por desgracia, en malas manos. Ya no se trata de defender la Naturaleza, sino de usarla como un arma en defensa de intereses o ideales particulares o más bien como un medio para atacar a los rivales ideológicos. El convertir el anhídrido carbónico, que es uno de los gases más naturales que existen libres en nuestra atmósfera, en un gas contaminante, es la demostración palpable de las aberraciones a las que nos puede conducir poner los objetivos por encima de todo.

Sea por rapto, por matrimonio o por conveniencia, la unión de la defensa de la Naturaleza y de las posturas de izquierda no deja de ser sorprendente en cuanto que el movimiento ecologista, hoy, es tremendamente conservador. Los grupos ecologistas más activos son de un egoísmo solo comparable al de las más fundamentalistas agrupaciones de ultraderecha, conservadoras por encima de todo. Lo más curioso de todo esto es que los ecologistas izquierdistas, o los izquierdistas ecologistas, son perfectamente conscientes de su postura conservadora, y por eso se han cambiado el adjetivo y en lugar de llamarse conservadores, se llaman a sí mismos conservacionistas. Conservador, es el que conserva las cosas, conservacionista, el que propugna que existan conservadores, pero como la palabra no significa para la gran masa de la población nada en concreto de una forma definida y directa, la izquierda la utiliza queriendo decir que les gusta conservar la Naturaleza, pero no otras cosas, y que aunque las apariencias engañen, su postura no es conservadora, es...conservacionista. La realidad es que la existencia del truco semántico ya es por sí mismo bastante elocuente; recuerda el viejo refrán que dice: "dime de qué presumes y te diré de qué careces". Pues bien, presumen de conservacionistas, y son tremendamente conservadores. Quieren conservar su nivel de vida, su sistema de seguridad social, sus hospitales, sus escuelas, sus universidades, su cultura, su capacidad de viajar, sus trenes, sus barcos, sus aviones y automóviles, sus ordenadores, sus privilegios y su próspera economía en suma. Pero además quieren conservar más cosas, y se da la curiosa circunstancia de que esas dudosamente son suyas o no les afectan. Quieren que se mantenga el paisaje de las regiones vírgenes y salvajes, pero en sus países no queda apenas ni una sola de esas regiones. Quieren que no desaparezcan las aves, pero a las suyas no les han dado la más mínima oportunidad. Quieren animales salvajes, pero en sus países tampoco queda prácticamente ninguno. Quieren que no haya alimentos transgénicos, pero ellos no los van a consumir de todas formas, quienes los tomarían serían los muertos de hambre de la India, de China o de África. Quieren suprimir los plaguicidas, pero en sus países no hay malaria. Quieren que no se pesquen ballenas, pero nunca las han comido. Quieren conservar los bosques, pero no los suyos que hace tiempo que los destruyeron (hablo de holandeses y alemanes, por ejemplo) y las marismas, pero tampoco las suyas, las holandesas en este caso, que convirtieron en campos de cultivo cambiando la geografía de su país. Las que hay que conservar son las de otros países. Sí, quieren que se conserven las del Coto de Doñana (coto, que por cierto ya estaba allí cuando ellos hacían diques y antes de que se les ocurriera lo de la conservación de la Naturaleza). Quieren que no se hagan obras públicas ni mucho menos presas para producir electricidad, pero ellos han cambiado con las suyas hasta la geografía de sus costas.

Está bien esto de que una asociación ecológica holandesa propugne el derribo de las presas productoras de electricidad y de regadío en España, pero sería interesante que empezaran por quitar sus propios diques marítimos para predicar con eso tan sano que se llama ejemplo. Cuando en la propia casa se ha contaminado hasta la geografía, sería de esperar que el esfuerzo se dirigiera primero a dejar las cosas como estaban en ella y luego ordenar las casas de los demás. Esa sí que sería una postura coherente, y no la de impedir que se construyan centrales eléctricas en países con dirigentes timoratos, como el nuestro, por ejemplo (máxime cuando la energía hidroeléctrica es la más limpia de todas las energías).

Ejemplo cercano

Hace ya unos años hubo un ministro socialista que nada más llegar a su ministerio puso a punto un sensato plan para construir 3.000 minicentrales hidroeléctricas en España. Al hacerlo, siguió una sencilla y sensata lógica de persona consciente de los problemas ecológicos y de las necesidades energéticas de su país. No hay energía más limpia que la hidráulica. Quemar carbón, o petróleo, gas o cualquier otro residuo es mucho más contaminante, y no solamente por el CO2 producido, sino por el resto de los gases —mucho menos naturales que el CO2— generados de forma más limitada. La energía nuclear es conflictiva y al final también con unos residuos muy contaminantes con los que no se sabe qué hacer. La energía solar es abundante y excelente, pero muy cara y nadie quiere pagar el kilovatio a un precio tres o cuatro veces más elevado (los ecologistas, tampoco). La energía eólica destroza el paisaje y está cambiando las costumbres migratorias y matando a cientos de miles de aves. Las 3.000 minicentrales hubieran creado trabajo en zonas rurales, hubieran evitado la importación de millones de toneladas de petróleo, hubieran igualmente evitado que millones de toneladas, también, de gases pasasen a la atmósfera. El agua embalsada es una maravillosa fuente de energía potencial limpia y lista para ser utilizada en cualquier momento, con lo que optimiza la energía eléctrica producida por otras fuentes. Finalmente, España es un país sediento en el que falta agua y cualquier cosa que se haga por sujetarla, siempre es bueno. Pero, el señor ministro no sabía que en ese momento los ecologistas europeos ya habían decidido que en sus respectivos países no se construyeran más centrales hidráulicas, y, claro, no se iban a criticar en Holanda y Alemania y dejar que se construyeran en España. Sobre todo cuando la opinión pública de ese país mediterráneo es fácilmente manipulable. En el norte de Europa, sobra agua y quieren quitar sus presas para devolver a los ríos a su cauce natural, mientras que en España nos falta. Y es mejor que nos falte. Las asociaciones ecologistas, lo tienen muy claro. El señor ministro se tragó sus tres mil minicentrales.

Conservacionistas a ultranza

Los ecologistas son conservadores, terriblemente conservadores y al mismo tiempo terriblemente egoístas. El esfuerzo ecológico exige un sacrificio y lo que quieren es que ese esfuerzo lo asuman otros. Y lo mejor es que lo hagan sin enterarse. La ecología es el movimiento cultural que está en la cúspide del bienestar social. Cuando se tienen perfectamente cubiertas las necesidades alimenticias, de vivienda, de trabajo y de cobertura médica, cuando además se tienen medios de transporte y se dispone de tiempo libre, entonces es cuando la ecología llena los corazones de unos cuerpos bien alimentados, bien alojados, bien cuidados y bien atendidos. Es muy bonito consumir cantidades enormes de energía, consumir hierro, madera, papel, aluminio, petróleo, y vivir con altísimo nivel de vida cuyo mantenimiento es muy costoso en términos ecológicos. ¿Renunciar a ese alto nivel de vida? Desde luego que no. Disfrutar de la Naturaleza es uno de los privilegios de esa forma de vida y hay que luchar por mantenerlo. ¿Evitar el daño que causa a la Naturaleza el desarrollo de los demás? Pues eso parece más sensato.

Sí, el desarrollo económico de nuevas regiones del planeta es francamente destructivo. Habrá que pensar en alguna alternativa. ¿Desarrollo sostenible, quizás? No es mala idea. Y es que en las ideas de los ecologistas hay cosas que se ven como envueltas en una nube de vaguedades, medias verdades y sobreentendidos, que las ocultan tras pomposos nombres. El "desarrollo sostenible" es un claro ejemplo de ello. Las gentes de izquierdas son de ideas sencillas y simples, son gente a la que les gusta la fe (sin complicaciones y sin explicaciones) y necesita símbolos en los que creer. Creer en el desarrollo sostenible les ha supuesto un gran alivio, porque hasta el más ciego de los ecologistas y el más radical de los izquierdistas, es consciente de que el desarrollo económico es destructivo, pero como no se pueden oponer al mismo por evidentes razones éticas, se inventan lo del "sostenible" y con eso son felices.

No son capaces de aceptar y comprender que el desarrollo económico es algo completamente natural y por eso no saben enfocar y estudiar el problema. Para un ecologista, un elefante es algo maravillosamente natural, la ciudad de Nueva York, no. No entienden ni aceptan que los seres humanos formamos parte de la Naturaleza igual que cualquier otro animal, lo que sucede es que hemos tenido tanto éxito y somos tan numerosos, que más que elefantes, somos langostas (también por completo naturales). Aunque con una diferencia, las langostas no piensan ni son conscientes de la destrucción que generan: comen cuanto pueden, se reproducen cuanto pueden, y dejan un rastro de tierra asolada y desértica a su paso, mientras que los humanos nos damos cuenta de lo que hacemos, aunque limitar nuestras destrucciones sea muy difícil. Los estorninos o las sardinas se mueven en conjuntos de miles o de millones de individuos y lo hacen de forma totalmente coordinada. Los humanos no. Entre otras cosas porque no somos un conjunto uniforme como las sardinas, sino que vivimos de forma muy distinta, y mientras unos pocos tienen cubiertas todas sus necesidades y se preocupan por cosas como el CO2, otros simplemente luchan por sobrevivir y alimentarse cada día ya es para ellos un asunto importante.

Los problemas de un 10% de privilegiados son muy diferentes de los del resto de la humanidad. Al igual que las langostas, lo que todos deseamos es vivir y disfrutar de la vida, pero tenemos que ser conscientes de que al hacerlo destruimos el mundo que nos alimenta y nos da vida. Sin embargo, nuestra actividad no es en sí misma algo antinatural, y es absurdo plantearlo de esta forma. No somos unos malvados por ser numerosísimos, ni por respirar, ni por cocinar nuestros alimentos y calentar nuestras casas, ni tampoco por fabricar y usar mil aparatos que nos fascinan, la industriosidad humana es algo totalmente natural y por ello también lo son nuestras industrias. Pasar junto a una central eléctrica y decir que es una monstruosidad que habría que eliminar, es un error, es volver la vista a la realidad, y quien no conoce esta no puede resolver los problemas que nuestra hiperactividad de langostas genera. Los ecologistas y en general la izquierda, no son capaces de resolver problemas, solo sirven para crearlos, cosa que por cierto hacen bastante bien.

Ecología inexistente

Viendo la forma en que las gentes de izquierdas han asaltado los movimientos naturalistas y viendo la forma en que el socialismo y el marxismo histórico se han hundido en el mundo, se intuye que ambos fenómenos estén estrechamente ligados. Si el marxismo no hubiera fracasado, es más, si hubiera triunfado y hoy el mundo en lugar de estar organizado bajo principios de libertad individual, fuera un mundo colectivista, el movimiento ecologista ni siquiera existiría. Pero el socialismo y Marx se han hundido y han dejado ideológicamente desnortados a millones de seguidores, especialmente a los comunistas. Se comprende que la ecología haya venido a llenar el hueco decepcionante del fracaso de la sociedad comunitaria y colectivista: les ha fascinado. El socialismo iba a salvar el mundo. ¿Se han dado cuenta de la coincidencia? Los ecologistas también quieren salvarlo; es más, están absolutamente convencidos de que son imprescindibles para que el mundo se salve, para que la Tierra se salve. El socialismo exigía el sacrificio (de los demás, evidentemente, no el de la clase dirigente), la ecología también. Exigía proselitismo, la ecología también, en ambos casos es necesario luchar y el hacerlo por una causa justa e importante llena la vida de muchas gentes (la de los famosos líderes del cambio climático, por ejemplo), y justifica cualquier medio. El marxismo era una especie de religión que en primer lugar necesitaba fe en unos principios supuestamente altruistas que perjudicaban a unos y beneficiaban a otros ¡Qué coincidencia, la ecología también!

Y lo que es más interesante: los enemigos del marxismo socialista y de la Naturaleza, son los mismos ¡¡¡Qué casualidad!!!: la burguesía, las grandes y pequeñas empresas, la clase media, la libertad, el individualismo, el progreso, el capitalismo en suma. ¿Es esto último una simple coincidencia? No, es la consecuencia de que la ecología cayera en manos de la izquierda desnortada. El comunismo ha muerto, a los antiguos comunistas les da hasta vergüenza que les llamen de esta forma. Pero su enemigo no, el capitalismo, que era la otra cara de la moneda socialista, sigue vivo. Tiene que ser duro que las ideas sostenidas durante años y en las que se ha tenido fe ciega resulten falsas o absurdas, mientras los oponentes disfrutan cada vez de mejor salud social y de más éxito. En el enfrentamiento derecha izquierda, capitalismo socialismo, colectivismo o libertad, la izquierda se había quedado sin ideales. Había que atacar al enemigo como fuera y en la ecología encontraron un arma y unos aliados perfectos. El marxismo iba a salvar el mundo de las garras del capitalismo, los ecologistas van a salvarlo igualmente y de las mismas garras mediante la lucha medioambiental, el cambio climático y la guerra al CO2.

No he conocido a un solo socialista que no se sienta abrumado por el hecho de que el socialismo marxista sea un fracaso y que el capitalismo continúe su camino, según ellos, victorioso. No comprenden que

Marx se inventó el socialismo y al mismo tiempo el capitalismo. Su obra maestra se tituló "El Capital", no "La Sociedad". El capitalismo era absolutamente necesario para que el socialismo tuviera un rival contra el que luchar. El capitalismo ha muerto junto con el socialismo. Es una idea superada por la realidad de nuestra civilización occidental. No han triunfado las ideas, ha triunfado la realidad social económica representada por la burguesía. Hoy, y los de izquierdas los primeros, el mundo entero quiere ser burgués.

Sí, si no hubiera caído el Muro de Berlín, si el comunismo ruso hubiera sido aceptable al menos para los propios rusos (no digamos nada de los países sometidos), si la economía colectivista no hubiera sido un absoluto fracaso, la historia del movimiento medioambiental hubiera sido muy diferente y no existiría la religión del CO2 y del cambio climático tal como la conocemos. Se comprende que sea así. Todas las religiones tienen su liturgia que vista desde fuera en definitiva no es mas que una obra de teatro. En este caso la farsa medioambiental está muy bien escrita y mejor interpretada. La obra es sencilla pero buenísima, muy tradicional: una criatura pura e inocente a la que se está ultrajando mediante el abuso y el engaño, la Tierra; unos malvados que solo buscan su propio interés y la llevan a la perdición, los consumidores de petróleo; los buenos que luchan con generosidad y pocos medios por salvar a la víctima inocente, los ecologistas; y unos espectadores —la opinión pública— que en la oscuridad de la sala (o de sus mentes) se deja arrebatar por la acción y no son conscientes de que todo lo que ocurre en el escenario es una ficción. La obra es francamente buena, soy el primero en aplaudirla, pero como teatro, no como religión. Claro que, esto último es para casi todo el mundo —para los ecologistas especialmente— una herejía. Me guste o no, la religión ecologista es una de las que más adeptos tiene en estos momentos.

Ventana quinta

El PICC y los ecologistas

Llama la atención el que la cruzada para evitar el cambio climático se centralice únicamente en el CO_2. Cuando se habla de la lucha contra los gases de efecto invernadero, a los óxidos de nitrógeno apenas se les considera, del ozono se habló hace años cuando el "agujero de ozono" sobre la Antártida estuvo de moda, al metano, que como hemos visto tiene casi la misma importancia que el CO_2, se le ignora, de los CFCs es poco lo que se dice y las partículas sólidas se han quedado en tan segundo plano que se diría que no son un problema, y el agua en forma de gas en la atmósfera no existe.

¿Qué es lo que tiene de particular el CO_2 para adquirir tal protagonismo entre los ecologistas y ante el PICC? ¿Qué es lo que le convierte en estrella?

La respuesta a estas preguntas en sencilla y complicada al mismo tiempo. La parte sencilla es la más fácil de expresar: tras el CO_2, hay dinero; dinero en cantidad, industrias fuertes, economías fuertes, consumidores con alto nivel económico, sociedades desarrolladas, bienestar, en una palabra. Contra ese mundo merece la pena luchar, tanto para frenarlo como para explotarlo.

El PICC y sus defensores dejan bien claro que no se considera perjudicial la producción de CO2, sino el "exceso" en la misma. Apliquemos la lógica a las cifras. Si 40 MMT de CO2 son muy peligrosos por su efecto sobre el cambio climático, la mitad de esa cantidad será también peligrosa aunque produzca la mitad de efecto invernadero. La doctrina del PICC parece acomodaticia en este aspecto: 30 MMT pueden ser aceptables, 40 MMT, no. No es cierto, si la aportación de CO2 a la atmósfera es perjudicial, lo es en cualquier cantidad. No es aceptable que una parte sea dañina y otra no. Esa es una afirmación gratuita y por otra parte obligada por la propia naturalidad del anhídrido carbónico. El PICC determina que los primeros 30 MMT no son dañinos, mientras que los siguientes 10 MMT sí lo son. ¿Cómo puede ser esto? Los últimos 10 MMT de este año, son los mismos que los 10 MMT primeros del año que viene. Si el incremento de CO2 es un problema, lo es desde la primera hasta la última molécula del mismo. Parece que el PICC acepta como natural el que los humanos cambiemos el clima, pero no más deprisa de lo que ese organismo considera oportuno. A partir de cierto límite, lo que hay que hacer es cobrar por el CO2 emitido. Dinero. Tras el CO2 hay cantidad de dinero y los expertos del PICC han sido los primeros en comprenderlo. Por otra parte, si los seres humanos añadimos dos centésimas de CO2 al año a la atmósfera, un incremento del 10% de esa cifra, que parece ser que es lo peligroso, supone añadir dos milésimas, y esa es una cifra ridícula frente al total de anhídrido carbónico del aire de la Tierra.

La parte complicada de la respuesta es necesario darla analizando uno por uno los posibles agentes del cambio climático y lo que pueden dar de sí. Empecemos por las partículas sólidas. El humo, el polvo y la contaminación sólida, son un verdadero problema medioambiental, pero no son rentables para el PICC. Ese tipo de contaminación no es en estos momentos causada principalmente por las sociedades desarrolladas y prósperas, sino precisamente por las subdesarrolladas y pobres. Ir de frente contra la contaminación sólida y plantear medidas drásticas para evitarla es ir contra los productores de humo, contra las sociedades en vías de desarrollo y de economías más débiles. Políticamente no es correcto y tampoco es rentable. El famoso "smog" londinense fue un problema serio hace cuarenta años, pero Londres lo ha superado. Las calefacciones londinenses eran de carbón (barato y eficaz, pero que quemaban azufre en grandes cantidades y producían mucho humo): hoy son de gas y limpias. Sus famosos autobuses rojos de dos pisos, los Leyland, avanzaban dejando una nube de humo negro tras de sí. Hoy no lo hacen (y no fue fácil porque con ello Leyland desapareció), tampoco producen humos sus taxis, ni las furgonetas de reparto, ni los automóviles privados. Los "malos humos" son un problema que las sociedades prósperas tienen más o menos resuelto o al menos controlado. No sucede lo mismo con las menos favorecidas económicamente y por eso es este un tema poco rentable y políticamente inadecuado. Dicho de forma resumida (y al mismo tiempo algo desagradable), tras el humo, no hay dinero.

Respecto al principal responsable del efecto invernadero, el vapor de agua, es prácticamente imposible actuar sobre el mismo o pretender controlarlo, así que no interesa ni siquiera mencionarlo. Con el metano sucede prácticamente lo mismo que con el "smog". La mayor parte del que producimos procede de la agricultura y ganadería. ¿Cómo se podría pretender reducir la producción de arroz? No, tras el metano tampoco hay dinero y su control no es posible porque en gran parte es una consecuencia de nuestras necesidades alimenticias. Si ese metano cambia el clima, viviremos en un clima diferente, pero no podemos aceptar que mueran de hambre millones o cientos de millones de personas, para evitarlo. Hablar del metano tampoco es políticamente correcto ni mucho menos rentable.

El ozono tampoco aparece de forma clara en el punto de mira del PICC. Estuvo de moda hace unos años, pero faltaba ozono en la atmósfera, no sobraba, y por eso el Sol nos iba a achicharrar con sus rayos ultravioleta. Han pasado los años y no nos hemos tostado. El "agujero de ozono" debe de estar cerrándose, porque a ningún ecologista se le oye ya hablar de él. La realidad es que el ozono es bueno en las capas altas de la atmósfera y no tanto en las bajas. En Suiza hace pocos años se limitó la velocidad de circulación en autopista durante el verano para limitar la producción de ozono de los vehículos, pero luego se comprobó que no eran los automóviles los generadores de ozono en los veranos suizos, sino sus famosas vacas (¡otra vez las vacas!).

En último lugar hablamos de los CFCs. Tienen un valor porcentual bajo pero una acción muy fuerte como aislantes, además son destructores de ozono cuando llegan a las capas altas de la atmósfera. Y llegan, porque tienen una larga vida. Son peligrosos y es lógico que lo sean porque son gases ajenos a la Naturaleza. Son extraños a la atmósfera. Lo que sucede con los CFCs es que las sociedades desarrolladas están muy mentalizadas respecto al problema que suponen y su control se acepta como una necesidad social sin que el PICC tenga en ello un protagonismo especial. Así como respecto a la lucha contra el CO2 la acción de los ecologistas me parece estéril y equivocada, su contribución en la eliminación de CFCs ha sido valiosísima y muy importante (e igualmente lo ha sido su contribución a la disminución del SO2 que acaba combinándose con el vapor de agua de la atmósfera y formar ácido sulfúrico que su vez provoca la "lluvia ácida").

La tolerancia con el CO2

Hay muchas cosas que sorprenden y llaman la atención en la doctrina ecologista respecto al CO2 y sobre la actitud del PICC que es el organismo que la lidera. La primera es evidente, y es su absoluta dependencia del propio cambio climático, ya que en definitiva es un panel internacional para luchar contra ese cambio, que para el PICC antes no existía, luego es causado por el hombre. El reconocimiento de su existencia es vital para el PICC. El cambio climático es dogma de fe, y aunque se demostrara que es completamente falso, el PICC, por definición, no lo podría reconocer así. Se trata de un organismo que depende de que ese cambio exista, si no existiera, no habría PICC.

Pero, como decía, esto es evidente. No lo es tanto la forma en que el PICC actúa para afrontar ese cambio y en concreto su actitud respecto al CO2, de prohibición por una parte y de tolerancia por otra. Es difícil entender como un organismo que trata de limitar la producción de CO2 acepta que este se produzca siempre y cuando se compren derechos de emisión. El anhídrido carbónico puede ser bueno, indiferente o malo, frente al cambio del clima, pero si incorporar a la atmósfera 40 MMT de CO2 es perjudicial, lo son en su totalidad, desde la primera hasta la última molécula.

Que el PICC es un organismo absolutamente político lo demuestra el hecho de que admita que un determinado país contamine más de lo que le corresponde siempre y cuando pague por ello, compre derechos de contaminación. ¿Es que ese CO2 comprado no contamina? ¿Es que la Naturaleza distingue entre un CO2 legal y otro ilegal, entre un CO2 correcto y otro incorrecto? La postura del PICC es que si, por ejemplo, a un país como Gana le corresponde producir una determinada cantidad de CO2 y no la produce, puede vender sus derechos. El CO2 que le corresponde a Gana, no contamina, así que el exceso de CO2 de un país industrializado que compre sus derechos a Gana, tampoco contamina (en la práctica las cosas son mucho más complicadas y se supone que el importe de los derechos de emisión de CO2 se reinvierten en otros lugares del mundo poniendo en marcha centrales eléctricas no productoras de CO2 o simplemente los derechos acaban por cobrarlos los propios Gobiernos que determinan su cuantía y a quien o quienes se adjudican).

Esto es intelectualmente absurdo, aunque tiene una lógica perfecta: la de rentabilizar el CO2. La tolerancia no lo es tal y detrás de ella hay fuertes intereses económicos. Que detrás del CO2 hay dinero, ya lo hemos comentado, lo que en definitiva queda tras la actuación del PICC no es tanto el deseo de que no se produzca CO2, sino el de establecer los protocolos para cobrar por el que se produce (más bien por el que producen los países desarrollados). La compra de derechos es una de las formas de llevar esto último a cabo. A las grandes compañías que producen cantidades importantes de CO2 en sus procesos industriales, eléctricas, papeleras, cementeras, siderurgia, refinerías, cerámicas, vidrieras, papel, todas con una gran capacidad económica, se les ha planteando tranquilamente que paguen un canon por parte del CO2 producido, con lo que tienen renunciar a crecer, a aumentar su producción, o pagar unos derechos cada vez más caros porque a su vez están limitados.

Imaginemos entonces que somos dueños de una potente cementera y que en nuestros hornos se produce cada año un millón de toneladas de CO2. Contaminan, son peligrosos, producen efecto invernadero. Tenemos que cerrar la fábrica. Pero como nuestra cementera es muy rentable (pongamos que ese sea el caso) en lugar de cerrarla compramos derechos de emisión. En ese caso y después de haber pagado, nuestros hornos ya no contaminan. Ya no contribuyen al calentamiento global. Los de la competencia sí, esos sí contaminan; hasta que paguen. Y todo eso avalado por la firma de cientos o miles de científicos que están conformes con que nuestra cementera ya no contamina. Perfecto, eso es ciencia y lo demás elucubraciones. Newton se quedaría asombrado.

No pensemos, sin embargo, que el caso de las cementeras o empresas eléctricas es un ejemplo aislado, ya se está intentando que los fabricantes de automóviles paguen por poner en las carreteras vehículos productores de exceso de $CO2$. Si pagan, sus vehículos ya no contaminarán. También se ha planteado que sean los usuarios directos de los automóviles los que paguen ese impuesto, y ya se está haciendo en algunos lugares. Por encima de una cierta cantidad de $CO2$ producido, se paga una determinada cantidad. Pero como el automovilista ya paga un elevado impuesto por comprar combustible, resulta que tendrá que pagar otro impuesto por utilizarlo. Esto sencillamente es monstruoso, es como cobrar un impuesto por comprar pan, y otro segundo impuesto por comérnoslo. Solo a mentes puramente demagógicas se les puede ocurrir tal cosa.

Un nuevo impuesto

Para comprender esta monstruosidad habría que colocarse al otro lado de la mesa. El PICC da por sentado que el $CO2$ incrementa el efecto invernadero hasta límites peligrosos. Eso lo demuestra con el respaldo de diversos científicos, de todo el mundo y de todas las disciplinas (y con Al Gore de refuerzo). Se acepta que una parte del $CO2$ antropogénico no es dañino para la Naturaleza y se establece que lo peligroso es el exceso. Ese exceso debe ser penalizado, primero para evitar que se produzca, y segundo como forma de distribución de la riqueza. El control del $CO2$ se convierte de esta forma en el vehículo de un nuevo impuesto a escala universal, que es lo que de verdad quiere el PICC y con lo que están de acuerdo los gobiernos que lo van a cobrar.

Ese impuesto significa poder, económico y político, y eso es lo que claramente busca el PICC. Además se encuentra un supuesto plan de acción global para evitar que el hombre se dañe a sí mismo abusando de la Naturaleza que le sostiene. Algo tan importante tendría que estar basado en sólidas realidades científicas, no sobre especulaciones visionarias a cincuenta años vista, ni sobre informes realizados por grupos de presión por más que estos estén formados por científicos. Ese principio de solidaridad, esa actuación a escala planetaria, exige realidades aplastantemente científicas, y el famoso cambio climático no es hoy un fenómeno físico, sino psicológico. El PICC no es un organismo científico, sino propagandístico, su fuerza no está en sus argumentos, sino en haber arrastrado tras de sí a la opinión pública de los países desarrollados. Tal y como se está actuando, a los ojos de una mirada crítica rigurosa no es que el CO2 que producimos los seres humanos esté cambiando el clima, no es que el CO2 sea un gas contaminante, es que es el vehículo ideal para justificar un nuevo impuesto que administrarán los diferentes gobiernos.

Contaminar y pagar

Tras la revolución ecologista del CO2 está claro que existe un trasfondo económico con la creación de nuevos impuestos. El principio esencial es que el contamina paga, un principio en sí mismo nada criticable y socialmente muy ético, ya que la contaminación perjudica a todo el mundo y si se paga por contaminar, primero se contamina menos, y segundo se contribuye al bien común. El problema es que para eso es necesario dejar primero bien claro que se está contaminando. De lo que se trata, achacando el cambio climático a la generación de CO_2, es de dejar bien establecido que este gas es un contaminante. Este es el punto esencial, una vez aceptado por la sociedad que el anhídrido carbónico es un perjudicial contaminante, se puede dar el segundo y más importante paso: cobrar por el CO_2 generado. Pero es que el CO_2 no es en absoluto un contaminante: ¡¡Esa es la gran mentira!!

Crear una nueva fuente de impuestos es algo realmente tentador para los gobiernos de izquierdas de todo el mundo, cuyo objetivo es que el Estado lo abarque todo. Cuando hace unos años se descubrió que el SO_2 era un verdadero problema, porque combinado con el vapor de agua de la atmósfera se convertía en ácido y producía la "lluvia ácida", se estableció el sistema de derechos de emisión para penalizar a las industrias productoras del mismo obligándolas a invertir en sistemas alternativos no productores de SO_2. Esa política tuvo un éxito inmediato, con lo que se ha tomado como referente para resolver el supuesto problema del incremento del efecto invernadero, pero no se puede hacer lo mismo con el CO_2 por dos razones: primera porque este gas en sí mismo no es un contaminante, y segunda porque tampoco se puede sustituir por nada. Los derechos de emisión de CO_2 serán simplemente un instrumento de poder en manos de los diferentes gobiernos, que decidirán a qué industrias (o a qué industriales) se les adjudican gratuitamente y a cuáles se les cobran. Los gobernantes que administren los futuros derecho de emisión de CO_2 no solo tienen una nueva fuente de ingresos a su disposición, sino igualmente una fuente de influencias. Por supuesto, quien lo pagará todo finalmente será el contribuyente anónimo, que comprará mas caro el hierro, el cemento, la electricidad, todo.

Pero mucho más directamente afectará al bolsillo del hombre de la calle (el mío, sin ir más lejos) el impuesto que ya se está tratando de imponer por generar CO2 al quemar gasolina o gasoil en sus automóviles. En los países europeos, los impuestos sobre el consumo de gasolina y gasoil son hoy por hoy la mejor fuente de financiación de sus Haciendas. Si la opinión pública acepta que el CO2 es un contaminante, no tendrá más remedio que aceptar también el principio de que "el que contamina paga", y tendremos que pagar un impuesto primero por comprar gasolina y otro por usarla. Con que ese impuesto sea de unos pocos céntimos de euro por litro, lo que ingresarán las administraciones son cifras fabulosas, y cuando poco después esos céntimos ya no sean tan pocos, los ingresos serán un maná tan importante que será imposible dar marcha atrás.

Los usuarios no podemos tolerar que estemos pagando impuestos elevadísimos por litro de combustible comprado y que en un futuro inmediato paguemos quince, veinte o treinta céntimos por usarlo. No nos llamemos a engaño. Esta es la auténtica verdad del CO2 y por eso a su alrededor hay tantos silencios, tantas medias verdades y tanta manipulación de la información. Convertir al CO2 en un contaminante, es el mayor de los negocios que nunca se ha hecho jamás. Y lo importante es que no será un negocio privado, sino estatal. Nuestros políticos tendrán a su disposición para gastar a su capricho una fantástica suma que se originará en la lucha contra el cambio climático pero que se gastará en cosas que no tendrán nada ver con el.

Ventana séptima

Mirando al suelo

Tenemos una tendencia natural a mirar al cielo cuando reflexionamos sobre la vida, la muerte, la divinidad y la religión. Probablemente sea un reflejo natural y casi instintivo después de que durante cientos y cientos de generaciones nuestros antepasados buscaran en el cielo los indicios de una lluvia o un calor largamente deseados e incluso imprescindibles para sobrevivir. Un invierno largo y duro, una sequía muy fuerte, podían significar la diferencia entre el bienestar y el hambre o podrían obligar a una emigración difícil y peligrosa porque las nuevas tierras en las que sobrevivir estarían ya ocupadas por otras tribus que las defenderían con sus vidas.

Por eso nos parece lo más natural y lógico del mundo rezar diciendo "Padre nuestro que estás en los cielos". Yo, sin embargo, estoy acostumbrado a buscar setas en los campos y bosques mirando hacia abajo con la cabeza inclinada y por ello tengo tendencia a rezar diciendo: "Padre nuestro que estás en los suelos". Es exactamente lo mismo, colocamos a nuestro Padre Celestial (otra vez el cielo), en el lugar al que damos más importancia y parece ser que ese lugar está por encima de nuestras cabezas, pero si diéramos más importancia al suelo colocaríamos a nuestro Padre (Solestial en este caso) bajo nuestros pies.

También si pensamos en el clima es lógico que miremos al cielo, que es donde tienen lugar los fenómenos meteorológicos, pero el suelo puede ser mucho más importante de lo que nos parece, y además de mirar al cielo hay también que mirar al suelo. Está bien levantar la vista y mirar a lo alto, pero hay que tener los pies en el suelo y esto último es muy interesante. Yo los tengo incluso de forma exagerada, como los micelios de las setas que me apasionan, y al igual que esos micelios aprecio y valoro el mundo vegetal que es la fuente de la vida en nuestro planeta, y, en particular a los árboles. Ellos han sido importantísimos en el pasado de nuestro clima y lo siguen siendo hoy día, ellos han creado el suelo que hoy cultivamos y nos han dado el oxígeno que respiramos. Ellos, los árboles, viven del CO2 atmosférico, se me hace difícil, pero que muy difícil, aceptar que el CO2 sea un gas antinatural, un contaminante para la Naturaleza.

Cambio de piel

Si nuestra actividad humana está influyendo sobre el cambio del clima, me parece mucho más probable que sea como consecuencia de la modificación de nuestro suelo que por la producción de CO2. No se habla de este tema en lo que podíamos llamar ventanas oficiales, pero sí en otras que enfocan el problema desde un punto de vista estrictamente científico. Los argumentos en este caso parecen llenos de lógica y hacen pensar que las consecuencias del cambio de nuestro suelo pueden ser incluso mucho más importantes en la evolución del clima que el conjunto de todos los gases de efecto invernadero. Las tres formas en que estamos modificando la superficie de nuestro planeta son: acelerando la desertización, urbanizando el suelo y explotándolo agrícolamente.

La desertización no es un fenómeno creado por el hombre. Cuando hace 10.000 años se alcanzó el punto más frío de la última glaciación (el momento álgido), el desierto del Sahara prácticamente no existía y sucedía lo mismo con otros desiertos situados geográficamente a una latitud parecida, todos ellos eran zonas verdes y fértiles. A medida que a lo largo de los siguientes milenios se fueron fundiendo los hielos de los casquetes polares y retrocediendo hacia el Norte y Sur las barreras de hielo, los desiertos ganaron en extensión.

Se puede ver incluso una correlación entre el espacio dejado libre por los hielos, y el ganado por los desiertos. El calentamiento de nuestra atmósfera ha tenido como consecuencia una desertización natural de grandes extensiones de superficie, y se supone que el proceso continuará en las próximas décadas a medida que el interglaciar se haga más caliente. No nos quedan muchos hielos, pero en el proceso natural de evolución del clima de este interglaciar que vivimos, estos seguirán fundiéndose y el espacio que dejan libre irá a aumentar el de los desiertos en otras latitudes. De todas formas, la acción del hombre en las zonas subdesérticas está acelerando el proceso de desertización al tratar de explotarlas por encima de sus propias posibilidades y al deforestarlas. Acelerar este proceso puede ser mucho más importante en el cambio climático que aumentar el efecto invernadero por incrementar ligerísimamente la cantidad de anhídrido carbónico.

Igual que la disminución de superficie helada parece que se ve acompañada por un aumento natural de la superficie del desierto, podemos pensar que un aumento del desierto trae como consecuencia una disminución del suelo helado. Un suelo desnudo se calienta más durante el día y se enfría también más durante la noche. La cubierta vegetal del suelo actúa como cobertor y como aislante y evita las fuertes oscilaciones de temperatura del suelo que posteriormente se transmiten al aire. Si existe una relación directa proporcional entre la superficie perdida por los hielos y la ganada por los desiertos, para evitar lo primero bastaría con reforestar nuestro suelo desértico. Esa sería una forma sensata, efectiva y rentable de luchar contra el cambio climático. Sería además una forma socialmente distributiva de la riqueza, porque los países desérticos son al mismo tiempo los más pobres. Dado que la madera es algo muy valioso y que lo será aún más en un futuro inmediato de 10 a 20 años, esa reforestación sería tan rentable para los inversores forasteros como para los dueños del terreno.

Suelo, urbanismo y agricultura

La segunda forma en que estamos cambiando nuestro suelo es mediante su transformación en superficie urbana. Es este un proceso inevitable en el que cada año millones de hectáreas pasan de suelo rural a suelo urbanizado, que igualmente tiene un comportamiento diferente al suelo natural en cuanto a su influencia sobre el clima. Vistos sobre un mapa, la extensión de nuestros centros urbanos parece pequeña, pero el conjunto de su superficie suma millones de kilómetros cuadrados. La importancia de nuestra urbanización se pone sobre todo de manifiesto cuando llegamos de noche a una gran ciudad de uno de los países desarrollados (Estados Unidos, Japón, Alemania, etc), entonces se puede comprobar que la superficie iluminada es verdaderamente inmensa. El suelo urbano no tiene las mismas cualidades que el natural cubierto de vegetación, y aunque es un suelo que no produce polvo, que es uno de los principales problemas de los desiertos, sí que produce en más o menos cantidad humo, que en definitiva es otra forma de polvo. Urbanizar es también desertizar y con ello probablemente contribuir al retroceso de los hielos y al calentamiento del clima. Igual que hemos sugerido una relación inversa entre glaciares y desiertos, también podría ocurrir que a más suelo urbano corresponda menos suelo helado.

La tercera forma en que los humanos hemos cambiado nuestro suelo es la más importante de las tres por su gran extensión. Nos referimos a la agricultura. No podemos volver la vista ante la realidad de la dependencia que tenemos de ella. Pero aunque esta sea totalmente necesaria, no por ello tenemos que dejar de valorar el impacto negativo que la misma puede tener en el clima. Si de nuevo hacemos la experiencia de subir a un avión y ver el suelo desde la lejanía de los ocho o nueve kilómetros de altura a los que vuela, lo primero que notamos es que en muchos trayectos el 60%, 70% u 80%

de la superficie del suelo está dedicada a la agricultura. Teóricamente esto sería incluso beneficioso porque implica que existe una cubierta vegetal, pero la realidad es que esa cubierta sustituye a otra natural normalmente más compleja y de mucho más valor biológico. Una cubierta que produce de forma natural mayor cantidad de materia orgánica y por la misma razón fija una cantidad superior de CO2 en su estructura que la que retendría la misma superficie destinada a un uso agrícola.

El cambio de suelo natural a suelo agrícola, implica un importante desequilibrio en el ciclo del anhídrido carbónico en perjuicio de la atmósfera, ya que las enormes extensiones dedicadas, principalmente, al cultivo de cereales, fijan menos CO2 que los antiguos bosques que ocupaban sus terrenos. Si en estos momentos realmente existe un desequilibrio en el ciclo del CO2, el mismo es más probable que proceda de la disminución total de masa vegetal como consecuencia de la agricultura, que de un exceso en su generación por la quema de combustibles. El buen suelo agrícola ha sido antes un excelente suelo natural y cultivarlo no implica que lo mejoremos biológicamente, sino normalmente que lo empeoremos. Mediante la agricultura hemos cambiado una gran parte del suelo de nuestro mundo y es lógico pensar que un cambio que afecta a una superficie tan grande tendrá también que afectar al clima, y probablemente lo haga acelerando el proceso de cambio natural del mismo. De todas formas, también la agricultura nos ofrece formas de contrarrestar sus efectos negativos y puede ser un instrumento de fijación de CO2 de doble valor, porque además de tomar este gas de la atmósfera, podría servir para recuperar zonas desérticas o semidesérticas.

Hablar con los árboles

El cambio climático debido al CO_2 carece de bases científicas comprobables, es simplemente una teoría que está aún por demostrar y por ello cualquier fenómeno catastrófico natural, es tomado de inmediato como la confirmación apresurada de la maldad de este gas y de su dañino efecto sobre la naturaleza. No es así, no es eso lo que se percibe al profundizar sobre el tema. Los argumentos razonados, comprobables, contrastados, la verdad objetiva basada en cifras claras, no existen alrededor de la maldad del CO_2, mientras que sí se percibe un fenomenal movimiento propagandístico, lleno de errores y contradicciones por otra parte. Si enfocásemos el tema desde un punto de vista totalmente diferente, si hiciéramos el esfuerzo de razonar como si fuéramos árboles, diríamos que eso de considerar al CO_2 como un contaminante es una pura insensatez. Desde la perspectiva de los árboles las cosas se verían de forma muy diferente. El argumento puede resultar extraño, pero reconozcamos que hay muchos millones de árboles y que estos también son seres vivos que igualmente han heredado la Tierra. A pesar de los desiertos, a pesar de la agricultura, a pesar de la sequía, hay muchos más árboles que humanos en nuestro planeta; muchísimos más. Su opinión también habría que tenerla en cuenta. Esta muy bien eso de abrazar árboles y hacerse fotos con cara de éxtasis unidos a ellos, pero además hay que hacer el esfuerzo de escucharlos. Los árboles hablan, ¡claro que hablan! Dicen muchísimas cosas y entre ellas que lo de considerar al CO_2 como un gas contaminante, no es cierto, y que si de verdad hubiera exceso de CO_2

en el mundo, en lugar de cobrar impuestos, en lugar de amenazar a la humanidad con un futuro deprimente, lo que habría que hacer es plantar más árboles. Ellos se encargarían de poner las cosas en su sitio y de que nosotros pudiéramos respirar tranquilos.

La revolución del CO2 no es un fenómeno físico, es un fenómeno psicológico y propagandístico. Por eso el PICC no se toma la más mínima molestia en plantar árboles, que sería la forma lógica de luchar contra el exceso de CO2 si este fuera de verdad el responsable del cambio climático. Es más, la propia ONU, que es la madre del PICC, tiene en marcha un plan global para reforestar el planeta. Su nombre es "Plant for Planet" y su objetivo es conseguir plantar 1.000 millones de árboles en todo el mundo. Ese plan es, sencillamente, ridículo. Mil millones de árboles sería una cifra adecuada para reforestar, por ejemplo, la provincia de Guadalajara, pero que con esa cantidad se pretenda solucionar los problemas forestales del mundo es una idea tan absurda que ofende a quien la escucha y reflexiona un momento para valorarla.

Más masa orgánica

La agricultura hoy por hoy ocupa muchos millones de kilómetros cuadrados de suelo y es un factor de alteración de la evolución natural del clima. Si a través de cultivos específicos destinados a la producción de combustibles, se pueden vegetalizar grandes extensiones de terreno hoy semidesérticos, y aumentar con eso la biomasa real, no solamente se conseguirá mejorar el balance de CO2, sino equilibrar el suelo, y probablemente esto sea mucho más importante aún, aunque al PICC no parece que le interese el tema. Se comprende, tratar de solucionar la influencia negativa de la agricultura sobre el cambio del clima no es tarea precisamente sencilla, y en lugar de proporcionar beneficios como el CO2, y ser fuente de impuestos actuales y futuros, costaría cantidades ingentes de dinero y de esfuerzos que sería necesario que financiaran los países más ricos, y estos no están por la labor de financiar a una ONU comprometida en luchar contra ellos.

Los convencidos de la maldad del CO2 afirman que en los últimos 50 años el incremento en la producción de este gas como consecuencia de la quema de combustibles ha sido el causante del calentamiento global de nuestro planeta. Se olvidan de que en esos mismos 50 años la población mundial ha pasado de 3.000 a más de 6.000 millones de habitantes. Dar de comer al doble de la población, exige producir como mínimo el doble de alimentos, multiplicar por dos la producción agrícola y multiplicar también por dos la ganadería. No solamente hemos cambiado el carácter de gran parte de nuestro suelo planetario, es que seguimos haciéndolo y de la forma más acelerada que nunca ha conocido jamás la humanidad. La agricultura ha mejorado mucho su rendimiento, pero alimentar al doble de personas (y de ganado) exige incrementar la superficie cultivada y ese incremento va transformando la piel vegetal de nuestro planeta.

Ventana octava

La oportunidad perdida

No parece muy probable que el CO_2 generado en nuestra industriosa actividad como seres humanos (respirar, alimentarnos, calentarnos, desplazarnos, iluminarnos, etc.) tenga una influencia significativa en la evolución del clima. Tampoco la idea es en absoluto descartable, y efectivamente puede ser que ese CO_2 tenga una pequeña influencia, pero este extremo en estos momentos no es ni siquiera demostrable y en todo caso se tendría que estudiar si sería beneficiosa o perjudicial. Lo que de momento está muy claro es que nuestra aportación de anhídrido carbónico a la atmósfera es algo completamente natural. Es natural que respiremos, es natural que tengamos ganado y animales domésticos, es natural que calentemos nuestra comida y nuestras casas, y es natural que apliquemos nuestra industria y nuestro ingenio para desplazarnos con métodos más rápidos y seguros que el caballo y las carretas, y, finalmente, no hay nada más natural en nosotros que el que creemos industrias, explotemos minas y ejerzamos el comercio a pequeña y gran escala. Les guste o no la idea a los ecologistas, nuestra naturaleza humana puede parecer egoísta pero ese egoísmo es absolutamente natural. También es natural que los campos de cultivo ocupen medio mundo, aunque sería mucho más bonito que esas inmensas extensiones estuvieran ocupadas por bosques y espacios de vegetación silvestre en los que crecieran felices corzos y jabalíes ante la complaciente mirada de los ecologistas.

De todas formas sí que es comprensible que millones de personas crean ciegamente que el CO2 es un gas contaminante que pone en peligro nuestro entorno e hipoteca nuestro futuro. Lo creen por muchas razones, la primera, porque están deseando creerlo, están deseando ser solidarios con la naturaleza que les rodea, están deseando ayudar y colaborar con su propio sacrificio a la obtención de un mundo mejor. La segunda, porque todos somos testigos de cómo nuestro desarrollo al mismo tiempo que mejora nuestro nivel de vida, degrada nuestro entorno natural. Un polígono industrial donde antes había un olivar, no es bonito, una urbanización donde antes había una montaña frente al mar, no es bonita. Nuestro bienestar no resulta nada agradable en términos paisajísticos y naturales. La tercera razón, por un elemental y nada criticable egoísmo personal y miedo a un futuro que nos auguran tenebroso. La cuarta, porque tienen fe en quienes difunden esos mensajes que piensan que están motivados por el bien común.

Fe y geofísica

Es necesario respetar las convicciones y gustos de millones de personas que actúan de buena fe, pero el respeto no tiene nada que ver con la conversión de creencias personales en realidades geofísicas. Al reflexionar sobre el origen de las mismas en seguida se percibe que esa gran masa de gente sigue a una pequeña minoría, que hoy por hoy se agrupa en torno al PICC. Lo que es obligado preguntarse entonces y en primer lugar, es si este organismo es sincero, si sus miembros, si sus responsables, creen de verdad en lo que afirman. Mi opinión personal es que no, que no lo creen en absoluto. La línea argumental que lo demuestra es la tan conocida de la demostración por reducción al absurdo.

Supongamos que, efectivamente, los responsables de PICC tienen absoluta convicción personal de que el cambio climático por causas antropogénicas es una realidad absoluta. Supongamos que tienen razón y que es cierto que el CO2 que devolvemos a la atmósfera está cambiando rápidamente nuestro clima. Eso es algo catastrófico simplemente porque no sabemos lo que podemos esperar de ello y eso significa una pavorosa amenaza contra la humanidad. Si ante la certeza de esa próxima y previsible catástrofe de dimensiones universales causada por el CO2, cualquiera de nosotros tuviera que tomar una decisión, si la totalidad de la responsabilidad estuviera en nuestras manos, ¿qué haríamos? Pensemos un momento en esto, y pensemos también en lo que ha hecho el PICC.

Si el CO2 es un peligroso gas contaminante, únicamente podemos hacer dos cosas. La primera consiste en no producir CO2. Es completamente inviable. No podemos dejar de respirar, no podemos dejar de alimentarnos, no podemos dejar de calentarnos, no podemos cambiar nuestra forma de vivir, no podemos abandonar la industria y el comercio y no podemos volver a vivir en la miseria. Las fantasías bucólicas y las utopías (como el mito socialista del buen salvaje), son muy apreciadas por algunos pensadores, pero solo tienen realidad en un mundo de cuentos para niños, (y quizás ecologistas soñadores e ingenuos). El simpático león de Walt Dysney o David el Gnomo, están muy bien para hacer películas, pero en el mundo real los leones se zampan a los cerdos, no se poden a jugar con ellos a las cartas. Dejar de producir CO2, supone para la humanidad dejar de respirar en el sentido real y figurado de la palabra. Sería muy bonito que en lugar de 7.500 millones fuéramos únicamente 50 los que pobláramos la Tierra, y sería muy bonito que dentro de 50 años no fuéramos 9.000 millones, pero hasta que la humanidad no alcance un nivel cultural elevado, que al mismo tiempo es imposible que llegue sin un nivel de vida elevado, la población mundial seguirá creciendo.

La segunda vía es mucho más lógica y es el camino que cualquier elegiría si tuviera en sus manos la responsabilidad de luchar contra el problema: Si producimos demasiado CO2, tenemos que neutralizar el exceso, es necesario retirar de la atmósfera todo el que nos pone en peligro y vivir en equilibrio con el aire que respiramos. Esta vía no solamente es la lógica, sino que además es a la larga más rentable y probablemente mucho más fácil. ¿Tenemos en nuestras manos la posibilidad de neutralizar, por ejemplo 20 MMT? Sí, por supuesto. Y no hay que ser un genio para descubrir el sistema, a cualquiera que se enfrente con el problema se le ocurre al día siguiente: Si el mundo animal respira oxígeno y devuelve al aire CO2, el mundo vegetal respira CO2 y devuelve oxígeno al aire.

Por supuesto, si cualquiera de los lectores tuviera de verdad en su mano la decisión de fijar la futura actuación de la humanidad respecto al CO2, no dudamos de que su línea de acción tendría en cuenta cada una de las dos posibilidades. Lo importante y esencial sería neutralizar el exceso de producción de CO2 devolviendo el carbono al suelo.

Actuaciones anti CO2

Es el momento de preguntarse qué es lo que hace y qué ha hecho el PICC hasta ahora. Se ha hecho mucho, se han firmado importantísimos tratados internacionales, compromisos como el de Kyoto o el último de París, ante cuya importancia todo nos lleva a sentirnos como diminutas hormigas. ¿Pero, qué se ha firmado en Kyoto? Un compromiso para seguir la primera de las vías con un coste impresionante y una eficacia prácticamente nula, porque en el mejor de los casos y aún gastando entre 150.000 y 300.000 millones de dólares al año durante los próximos treinta, únicamente se lograría retrasar el cambio climático en unos 2 o 3 años. Resulta ridículo, desproporcionado, ilógico, falso en una palabra. Es evidente que quienes controlan el PICC no creen en absoluto en que el CO2 esté cambiando el clima. Si lo creyeran estarían de verdad trabajando en planes concretos y realistas para neutralizar de forma verdaderamente real el exceso de CO2 que supuestamente producimos. El PICC tiene otros intereses: favorecer ideas anticapitalistas, frenar el desarrollo de los países más ricos, identificar el interés por la naturaleza con una actitud política de izquierdas (ya ni se admite que un político de derechas sea una persona preocupada por su entorno). Y también, por qué no decirlo, jugar con unos intereses económicos cuyo control quedará en sus manos el día que efectivamente controlen hasta la última molécula de CO2 incorporada a la atmósfera. El PICC trabaja con la Naturaleza, pero no con ella como beneficiaria, sino poniéndola al servicio de determinadas y discutibles ideas.

El coste anual de la aplicación de los compromisos de Kyoto, que a lo sumo retrasarán ligerísimamente el supuesto cambio climático unos pocos años, se calcula que estará entre los 150.000 y los 300.000 millones de dólares. Con esa cantidad de dinero se podrían plantar y cuidar cada año del orden de 15.000 millones de árboles que anualmente neutralizarían 3,75 MMT (miles de millones de toneladas) de CO2. En solamente 15 años se habrían plantado los árboles suficientes como para neutralizar los 40 MMT CO2 que actualmente producimos. Sería un plan lógico, sensato y además rentable. Se podrían reforestar del orden de 75 millones de hectáreas cada año, o lo que es lo mismo, 750.000 kilómetros cuadrados cada año. Un plan de reforestación mundial no solamente sería lo lógico y eficaz, además sería popular, ecológico, rentable en creación de puestos de trabajo y en generación de riqueza fuera de las zonas industriales. Significaría un importante traspaso de riqueza de la industria al campo y la lista de beneficios indirectos nos podría ocupar un libro entero. Se evitaría la erosión, se retendría mejor el agua de lluvia, se crearía suelo orgánico, que es lo más importante luego para la agricultura. En 10 años se podría reforestar una superficie de terreno casi igual a la de la actual cuenca del Amazonas. Y sin embargo, algo tan lógico y al mismo tiempo perfectamente factible, no se le ha ocurrido a ninguno de los 2.000 sabios del PICC ¿No resulta extraño?

Cuestión de dificultades

Es muy probable que muchos de los que lean estas reflexiones piensen que la reforestación mundial es una utopía y que como objetivo no es solamente difícil, sino imposible. No, ni mucho menos, aún más difícil es lo que se está haciendo y para colmo no sirve para nada. El planteamiento del PICC carece de sentido común y de lógica. Este organismo no combate al CO2, combate a los productores de CO2. La diferencia es muy importante porque el CO2 deja de ser un fin para pasar a ser un medio. ¿Qué es lo que se quiere, un planeta sin CO2 o un planeta sin productores de CO2? La respuesta es evidente, lo que el PICC desea es lo segundo. Claro está que al PICC y a los ecologistas en general que han hecho suyas sus acciones, no les faltan argumentos. Eliminar las fuentes de emisión de CO2 es resolver el problema de una vez por todas y para siempre. Por supuesto, pero un problema no se resuelve sustituyéndolo por otro aún más importante. Suprimir, reducir, controlar los focos productores de CO2 significa renunciar a una gran parte de la electricidad que consumimos, significa renunciar al acero y al cemento, significa renunciar también al transporte privado (viejo sueño de la izquierda, el de dar la puntilla a la libertad individual de movimientos en favor de un transporte colectivo), significa en suma renunciar a la economía de consumo y al bienestar individual.

Significa que el marxismo entre en nuestras vidas por la puerta falsa y después de haber fracasado estrepitosamente. La revolución del CO2 que el PICC preconiza dejaría en el paro en el mundo desarrollado a cientos de millones de trabajadores, que hoy han alcanzado el nivel de vida de la burguesía (y no deja de ser pintoresco que esos millones de futuros parados sean los que hoy aplauden con más entusiasmo las ideas ecologistas).

La actitud del PICC y de los ecologistas respecto al CO2 es equivalente a lo que haría un médico que frente a un paciente que tiene un problema en sus piernas y no puede correr, en lugar de combatir el problema, le cortara las piernas. Reforestar el planeta es curar las piernas del paciente y permitirle que corra. En este caso, si el paciente es la sociedad, su curación pasa por permitir que se desarrolle y que otros muchos millones de personas se incorporen al mundo.

Si es verdad que el PICC y los ecologistas están convencidos de la peligrosidad del CO2 y de sus efectos negativos sobre el clima y como consecuencia sobre el bienestar de nuestra sociedad: ¿Qué sentido tiene que como remedio se destruya ese bienestar? ¿Por qué el PICC no actúa contra el CO2 de forma más lógica? La respuesta quizás se encuentre en el hecho de que la relación entre el CO2 y el clima no es una realidad científica, sino un deseo, un acto de fe, y que tras este se esconde en realidad la creación de toda una nueva fuente de ingresos económicos vía impuestos de magnitud impresionante.

Los seguidores del cambio climático son gentes con verdadera fe, porque creen en lo que no ven ni verán nunca. Su movimiento no es científico, es ideológico. Lo triste es que esta fe podría haber sido útil de verdad y haber significado un punto de inflexión entre la destrucción de la naturaleza y su regeneración. Sin embargo no va a servir para nada a escala global, va ser simplemente un capítulo más, una batalla más (que ganarán o perderán) contra lo que ellos llaman el capitalismo, contra una forma de vida tradicional y libre, un éxito, en el mejor de los casos, de una supuesta socialización. Si mañana una empresa americana instala una central eléctrica de carbón en New Jersey, está contaminando, pero si la pone en marcha en Mauritania, no. ¿Están los ecologistas sirviendo a la naturaleza, o se están sirviendo de ella? Cada lector tiene que responder por sí mismo a esta pregunta, pero una cosa queda perfectamente clara: nunca nadie ha tenido en este mundo la oportunidad que ha tenido el PICC para hacer algo verdaderamente importante y a escala universal a favor de la naturaleza. Esa oportunidad se ha tirado por la borda. Si el desarrollo es destructivo con nuestro entorno y con el medio ambiente. Aceptemos este hecho como algo consumado y tomemos las medidas necesarias para contrarrestar nuestra acción destructora.

La auténtica "Revolución del CO2", es la que pasaría por reforestar nuestro mundo, la que asumiría la plantación de miles de millones de árboles, la que haría de nuestro planeta un mundo más verde, la que repararía los daños del desarrollo

¿Sería posible llevar a cabo tal proyecto? Personalmente creo que sí, que las sociedades de los países desarrollados aceptarían el coste de tal proyecto, que además se trataría de un proyecto rentable no solamente en términos ecológicos, sino igualmente económicos. La madera es algo valioso y lo será aún más en los próximos 25 y 50 años. Nuestras sociedades super desarrolladas e industrializadas tienen mala conciencia de su bienestar (y con toda la razón) y están deseando reparar los daños causados al medio ambiente. La revolución lógica del CO2, la revolución verde, sería tremendamente popular y bien aceptada, aún cuando esa aceptación exigiera sacrificios. La otra revolución del CO2, la del cambio climático, es absurda porque su única finalidad consiste en asfixiar a la sociedad industrial para que no produzca CO2. Sí, exactamente, "asfixiar" significa literalmente impedir la respiración, impedir que se produzca anhídrido carbónico, que es el gas que producimos cuando respiramos.

Ventana novena

Planeta verde

Reforestar nuestro planeta puede parecer una labor de titanes e imposible de llevar a la práctica. Sin embargo merece la pena que la analicemos un poco detalladamente según los datos que hemos expuesto anteriormente. Puede que, efectivamente, sea difícil, pero comparemos esta iniciativa con la de limitar primero y reducir después las emisiones globales de CO2 por debajo de la actual cifra de 40.000 millones de toneladas (o para abreviar 40 MMT).

Los Gobiernos de muchos de los países desarrollados, y principalmente los más cercanos a las ideologías de izquierda, se han apresurado a admitir las tesis del PICC y su consideración de que el CO2 es un gas nocivo: no es casualidad que las cosas se hayan producido de esta manera, simplemente es que en la limitación de la producción de este gas han visto una extraordinaria fuente de impuestos y por tanto de ingresos. Hoy, en casi todos los países industrializados se cobra un fortísimo impuesto a los carburantes, estamos a punto de que mañana se cobre además por el CO2 que esos mismos carburantes, que ya han sido tasados, produzcan. Esto es muy goloso para cualquier Administración, sobre todo porque los impuestos más fuertes se imponen a los consumidores particulares a los que en un futuro inmediato (ya existe una fuerte presión en su favor) se les va a cobrar por partida doble. Primero por comprarlo, segundo, por usarlo. Es, como ya he comentado, exactamente lo mismo que cobrar un impuesto por comprar pan, y otro por comerlo.

Lo que sucede es que en los países industrializados, aunque a sus ciudadanos no les guste (en realidad toda esta maniobra se está llevando a cabo sin que ellos se enteren e incluso con su generosa actitud de creer que están colaborando con la defensa de la Naturaleza), se pueden pagar esos impuestos, pero ¿cómo es posible pensar que 2.000 millones de personas que hoy viven en la pobreza, puedan igualmente asumirlos? En estos momentos hay unos 700 millones de chinos y creo que 400 millones de indios, que están en las puertas del desarrollo. ¿No habrá camiones para los productos que fabriquen, no habrá calefacción en sus fábricas y sus casas, les costará mucho más cara la electricidad, el cemento, el hierro, etc.? ¿Cómo lograrán desarrollarse entonces? No se pasa de la pobreza a la riqueza de un salto. Ese es un proceso lento y además dificilísimo. Si se ponen dificultades, se está condenando a la miseria a cientos (en realidad miles) de millones de personas. Si el coste económico para producir un poco menos de CO2 es enorme, el coste moral es inadmisible.

Nuevas energías

Lo que se esconde detrás de la "persecución" al CO2, no es más que el deseo de crear un nuevo impuesto y el de encarecer la energía que utilizamos. Lograr energía quemando cosas, sea madera como se hacía en el pasado, o sea carbón, gas y petróleo como se hace actualmente, es lo más sencillo y barato. Además, es algo natural, primero porque no se producen residuos ajenos a los componentes de la atmósfera, segundo porque la propia Naturaleza es también pirómana y los incendios han sido siempre tan frecuentes que hasta han condicionado la evolución de muchas especies vegetales que los utilizan como aliados en su conquista de nuevos territorios. Las energías que no producen CO2 como residuo son en primer lugar la hidroeléctrica (sorprendentemente perseguida por la doctrina oficial ecologista); en segundo la nuclear (problemática, aunque ahora nuevamente amparada), que son ambas competitivas con el carbón y el petróleo, e incluso más baratas; y además de estas la solar, la eólica, la geotérmica, la de las mareas y la de las olas, que son mucho más costosas.

El mundo libre de CO2 que se pretende conseguir, es un mundo de energías alternativas y muy costosas. Cuando el barril de petróleo cueste 200 dólares, será rentable que las cementeras no quemen petróleo, ni lo hagan las centrales térmicas, ni quemarán petróleo nuestras calefacciones y ni siquiera lo harán nuestros automóviles, que utilizarán hidrógeno producido a su vez por energías alternativas. ¿Pero cual es el coste real de esa transformación? ¿Cuánto gasta hoy un ciudadano medio europeo en energía obtenida de la combustión del petróleo? El coste real que tendría la disminución significativa de la producción de anhídrido carbónico, no es ni mucho menos la cifra barajada de 300.000 millones de dólares, es muchísimo más alto. Es lo que va de pagar el barril de petróleo a 50 dólares a pagarlo a 200. Desde luego, las sociedades industrializadas y ricas, podrán asumir ese sacrificio. ¿Lo pueden hacer también los 2.000 millones de personas que hoy viven en la pobreza? ¿Cuántos pobres habrá en el año 2033 cuando la población del mundo llegue a los 9.000 millones? ¿Cinco mil millones, seis mil millones? Y todo ese inmenso y costoso sacrificio, para lograr una finalidad teóricamente muy discutible y que en el mejor de los casos lo único que conseguiría es retrasar en unos pocos años la evolución de nuestro clima a un plazo de cien años. ¿No sería más lógico, lograr primero que en el mundo no hubiera pobreza, y preocuparnos luego de cambiar el clima? Y eso, tras la incertidumbre de que efectivamente un incremento del 1% por ciento en la cantidad de CO2 del aire tuviera de verdad una influencia decisiva en el mismo, que es una premisa más que discutible.

El camino lógico

Las plantas son las que han transformado prácticamente todo el CO2 de nuestra primitiva atmósfera en oxígeno respirable por los animales. Pero gracias a esa transformación hoy hay en la atmósfera un 22% de oxígeno y un 0,038% de CO2, 550 veces menos. La mitad más o menos de esos animales son inteligentes y no solamente se alimentan para mantener su temperatura externa, sino que de forma lógica y natural queman residuos orgánicos para hacer más agradable y segura su vida.

¿Cuál es nuestro problema de forma simplificada al máximo? Que quemamos demasiadas cosas, no solamente nuestros alimentos en un proceso interno de oxidación que mantiene caliente nuestros cuerpos, sino también todo lo que encontramos de manera más o menos sencilla para utilizar el fuego en nuestro beneficio. Pues si nuestro problema es que quemamos demasiadas cosas, demasiada materia orgánica, lo que tenemos que hacer es reponer esa materia quemada y eso solamente lo podemos lograr mediante determinadas técnicas agrícolas (que aún no se emplean aunque hay mucha gente trabajando para que sean una realidad), o mediante la reforestación de nuestro suelo.

Hay cosas que tienen una lógica aplastante por lo sencilla. Si lo que arde en mi chimenea cuando quemo leña, es el carbono, es porque la madera tiene mucho carbono, y como ese carbono procede del aire, está claro que los árboles retiran de nuestra atmósfera ingentes cantidades de este elemento. ¿Cuánto? Para esta pregunta he encontrado cien respuestas diferentes, así que he realizado mis propios cálculos siempre guiado por el abc de las enciclopedias. Para hacer de nuevo un cálculo sencillo y aproximado, una valoración, más que un estudio, que no es mi intención, he tenido que tomar una fórmula estándar para la composición de la materia orgánica de los árboles: C6H12O6, es decir que mi molécula orgánica media tiene seis átomos de carbono (peso atómico 14), doce átomos de hidrógeno (peso atómico 1) y otras seis moléculas de oxígeno (peso atómico 16). El peso atómico de una molécula orgánica será entonces de 196 y el 42,8% del mismo lo forma el carbono. Expresado de otra forma: en 100 kilos de árbol, hay 42,8 kilos de carbono. Por otra parte, la fórmula del anhídrido carbónico es CO2, con lo que este gas tiene un peso atómico de 46. Hay 2,28 veces más oxígeno en peso que carbono en esa molécula, o lo que es lo mismo: por cada kilo de carbono hay 2,28 kilos de oxígeno. Esto significa que por cada kilo de carbono que tiene un árbol, ha tomado de la atmósfera 3,28 kilos de CO2 (1 del carbono y 2,28 del oxígeno).

Pesa más el CO2 que el pino

Supongamos ahora que el peso neto de un pino albar de 30 años de edad sea de 2.000 kilos y que a lo largo de toda su vida ha generado otros 2.000 en hojas secas, corteza, ramas muertas y piñas (este dato es una valoración personal que me ha proporcionado un ingeniero de montes, quizás no sea exacto pero sí es orientativo). El total de materia orgánica producida por el árbol en sus treinta años de vida habrá sido por consiguiente de 4.000 kilos, de los cuales, un 42,8% han sido de carbono. Si multiplicamos el total del peso de la materia orgánica creada por el árbol, 4.000 kilos, por el porcentaje de carbono, tenemos una cifra de 1.712 kilos, y como para cada kilo de carbono son necesarios 3,28 kilos de CO2, la totalidad de este gas en peso que el árbol ha tomado de la atmósfera a lo largo de toda su vida es de 5.615 kilos. Y esto no deja de ser sorprendente o al menos de llamar la atención: el peso total del CO2 retirado por nuestro pino del aire, es muy superior al peso neto del propio árbol.

Por mera curiosidad, comparemos ahora el CO2 producido por mi automóvil en un año, 1.820 kilos, y el consumido por el árbol en un año también (5.615

kilos dividido por 30 años, que es igual a 187 kilos). Lo primero que me llama la atención es que la cantidad de CO2 que nuestro pino albar toma del aire cada año, es más o menos equivalente a la del CO2 que yo produzco al respirar. Otra cosa que se me pone de manifiesto, es que para neutralizar los 1.820 kilos de CO2 que cada año produce mi automóvil, lo que tengo que hacer es plantar 10 árboles. Tengo que decir que esta es una iniciativa que tomé personalmente hace muchos años cuando se empezó a hablar del cambio climático y de la maldad del CO2. Lo hice, hace treinta años planté 400 árboles en un terreno en el norte del que tenía la suerte de ser copropietario. Con eso, respiro tranquilo, porque tengo neutralizadas todas las emisiones de anhídrido carbónico de mi coche, del de mi mujer, del que se genera en mi casa al cocinar y del que producimos al calentarla.

Bueno, estas cifras dan mucho que pensar y no soy el único que ha reparado en ellas. Por ejemplo, si en España queremos neutralizar todo el CO2 producido por nuestros automóviles, no tenemos más que plantar 10 árboles por cada uno de estos. Como por nuestras carreteras circulan 20 millones de turismos (en realidad un poco menos) nos basta con plantar 200 millones de árboles. Plantando árboles a cinco metros de distancia unos de otros, en una hectárea entran 400 árboles y para alcanzar la cifra de 200 millones necesitaríamos únicamente repoblar 500.000 hectáreas. Parece en principio una cifra muy importante, pero como nota curiosa, en los años cincuenta y sesenta del siglo pasado se repoblaron 4 millones de hectáreas de arbolado y entonces éramos un país de gente que emigraba, un país pobre y además políticamente atrasado. Es de esperar que siendo hoy un país rico, un país de inmigrantes y con un Gobierno democrático el esfuerzo de plantar 200 millones de árboles podríamos considerarlo como un esfuerzo elemental, mucho más cuando se trata de reparar un daño a la Naturaleza.

Y siguiendo mucho más allá en el camino de la reforestación como medio de neutralizar el supuesto anhídrido carbónico contaminante, si plantamos esos aproximadamente 200 millones de árboles cada año, en treinta años neutralizaríamos al 100% nuestra producción total de CO_2, con lo que nuestras compañías eléctricas y cementeras no tendrían que tirar su dinero comprando derechos de producción de CO_2 y nuestra factura de la luz sería mucho más barata. Además, los particulares no tendríamos que asumir en un futuro inmediato el pagar un impuesto más por usar nuestros automóviles. La idea es importante, aunque si los españoles la lleváramos a cabo, me temo que a nuestros democráticos gobernantes les daríamos un verdadero disgusto, porque ya deben estar pensando en qué se van a gastar la "pasta" recaudada con el CO_2.

¿Es posible reforestar España?

¿Es de verdad imposible la reforestación? Si mañana todo el esfuerzo ecologista y catastrofista dirigido contra el CO_2 se canalizara en la plantación y recuperación de medio millón de hectáreas al año de bosques en España la tarea ya estaría en marcha. Y con unos beneficios importantes, porque esa reforestación distribuiría el trabajo, crearía nuevas fuentes de riqueza, mejoraría el suelo, mejoraría el balance hídrico, evitaría la desertización, etc. etc. Y para colmo, sería rentable, porque la madera será cada vez más valiosa en los próximos años.

Por lo que se refiere a nivel global, tampoco un plan de reforestación universal sería mal acogido ni en los países ricos ni en los pobres. Evidentemente, tendría un elevado coste, pero sería una inversión directa y generadora de millones de puestos de trabajo en zonas rurales (que es donde es más necesario crearlos) y de todas formas sería mucho más barato y muchísimo más eficaz que reconvertir todas nuestras industrias para que no produzcan CO2. Bastaría y sobraría con los 300.000 millones de dólares que se estima será el precio que tendrá el lograr una mínima reducción del CO2 generado.

Los beneficios de tal obra de reforestación no es necesario ni comentarlos, si a nivel nacional son importantes, a nivel mundial lo serían aún mucho más porque se podría actuar precisamente en zonas y regiones especialmente afectadas por la falta de calidad de sus suelos, por la falta de inversiones, por las desertizaciones, por la falta de trabajo y por la pobreza.

Limitar en una pequeña parte la producción de CO2 de nuestras sociedades, significa un reto revolucionario que de ser aceptado cambiaría nuestras vidas y nuestras economías. A cambio de ello, después de un siglo de sacrificios quizás lográsemos retrasar en dos o tres años el llamado "cambio climático". Es esa una revolución muy costosa y poco práctica. La auténtica "Revolución del CO2", la revolución lógica y beneficiosa para todos es la que pasaría por reforestar nuestro mundo.

Respirar tranquilos

Nosotros, la humanidad en su conjunto, somos tan naturales como los linces que están en peligro de extinción. Se da entre los ecologistas una aguda tendencia a colocar a la naturaleza en una banda y a las sociedades humanas en la otra (y especialmente a las sociedades desarrolladas y prósperas). Vemos reportajes sobre los elefantes o sobre los leones en el cráter del Ngoro Ngoro y nos parece que ese es el estado óptimo de la naturaleza, con el hombre ausente y distante. La concepción ecologista se ha formado a partir de la atención dada a la fauna salvaje y en ella el ser humano aparece como el enemigo, el antagonista. Por otra parte, cuando se vuelve la vista hacia el pasado, hace un siglo y más aún hace dos o tres, se hace evidente que entonces la parte natural y salvaje de nuestro mundo era mucho más amplia, con lo que se concluye que es el desarrollo de nuestras prósperas sociedades lo que está acabando con ella, y es cierto que así sucede. Se deduce de ello que las sociedades primitivas eran el ideal natural. No es así. Una cosa no tiene nada que ver con la otra. El mito del buen salvaje es completamente falso y solo sirve para alimentar la fantasía naif de algunos pensadores ingenuos que creen que porque el hombre usase taparrabos vivía en perfecta armonía con su entorno. A veces, incluso nos han traído a esos buenos salvajes para mostrárnoslos como en una feria y que comprobemos que su vida es algo real, posible y maravilloso, que nosotros y nuestro afán consumista están alterando y destruyendo.

Hace algún tiempo, ecologistas y socialistas organizaron una campaña mediática (yo asistí como periodista invitado) en favor de las selvas del Amazonas y vino el jefe de una tribu de indios al que se presentó como el buen salvaje; un buen salvaje que además nos recriminaba a los miembros de las sociedades desarrolladas el estar destruyendo su entorno. Sí, sí, todo eso era cierto. La tribu en cuestión vivía una vida idílica (aunque con un 50% de mortandad infantil y otras pequeñas minucias como una vida media de 45 años), pero la tribu la formaban 300 personas y su territorio tenía una extensión de 9.000 kilómetros cuadrados. El jefe de la tribu y sus propagandistas amigos ecologistas, nos acusaban a los habitantes de un país lejano y desconocido para ellos, de formar parte de una sociedad rica y egoísta que estaba destruyendo su territorio. La tribu era brasileña, quienes estaban talando su selva eran brasileños, quienes tenían que dejar de hacerlo también eran brasileños, y es poco aceptable que los habitantes de Majadahonda, los majariegos, tuviéramos que pagar a unos señores para que estos dejaran de talar los bosques ocupados por otros.

Pero incluso dejando esta consideración aparte, reflexionemos sobre la riqueza y el egoísmo. En mi tribu, en Majadahonda, somos 90.000 personas y vivimos sobre un territorio de 30 kilómetros cuadrados. Esa misma superficie es la que disfruta cada uno de los "pobres" indios del Amazonas de la tribu en cuestión. Pongamos las cosas en su sitio, el pobre soy yo y los pobres son el resto de mis 89.999 vecinos, que tocamos a 333 metros cuadrados por persona de suelo mientras que nuestras supuestas víctimas, los indiecitos, cada uno de ellos dispone para su solaz y disfrute (muy ecológico y muy natural, es de suponer) de 30 kilómetros cuadrados. El que cada habitante de un territorio fértil y productivo sea dueño de nada menos que de una extensión como esa, es un lujo más grande que tener un yate de 30 metros de largo. ¿Qué se creen los indiecitos del Amazonas, que a mí no me gusta salir al campo y ver cómo corren los conejos, o acercarme a un nido de urogallos y llevarme uno para cenar y unos pocos huevos para el desayuno del día siguiente? ¿Qué a mí no me gusta ver como corren los venados y ciervos, y cómo las águilas y halcones surcan el cielo buscando su caza en un enorme territorio en el que no tengo a ningún molesto vecino que soportar? Con franqueza, los egoístas no somos los 90.000 habitantes de mi pueblo, son los 300 de la tribu amazónica.

Esto no implica sin embargo que entremos a saco en el Amazonas y destruyamos 10 millones de hectáreas de bosque. Ese bosque es bueno para los indiecitos y también para nosotros. Pero si nosotros, con un mínimo sobrante de nuestros recursos, plantásemos 10 millones de hectáreas de arbolado, también serían buenas, para todos, para nosotros y para los indiecitos, y tendríamos de esta forma 20 millones de hectáreas de bosque para explotar, los 10 del Amazonas y otros 10 aquí.

Falta de rigor

En la visita del jefe amazónico, como en casi todo lo que hace el actual movimiento ecologista, trascendió un exceso de espíritu propagandístico, un principio de inconsistencia en la información que fácilmente llega a ser falsedad, engaño, y manipulación de la información. Exactamente igual ocurre con el "cambio climático" y con el "CO2". Todo es inexacto, poco sincero, todo está deformado o exagerado, las posibilidades se convierten en realidades y se da por completamente cierto simplemente lo que interesa, y por falso lo que es perjudicial a unas ideas y una política. No es que no exista el cambio climático, es que el "clima cambia", que es un concepto muy diferente, y lo que tratan de hacer los ecologistas, la izquierda y el PICC liderando el actual movimiento contra el CO2, es utilizar ese cambio del clima en beneficio de su propia lucha política, achacándolo a unas determinadas causas. El principio de actuación del PICC puede ser muy bonito y ético para algunos: luchar contra el desarrollo, luchar contra el capitalismo y luchar contra los países desarrollados en beneficio de los países pobres utilizando el CO2 como argumento. Eso está muy bien, hay que respetar ideas e ideologías, pero no es científico. No tiene nada que ver con el cambio del clima y mucho menos con el cambio climático.

De hecho "El Cambio Climático" es una falsedad sostenida en la buena fe de las gentes que la creen y están encantados con ella. Lo malo es que no es real, es una hipótesis, una suposición, una teoría, pero tiene tanta fuerza y arrastra tras de sí a tanta gente llena de buenas intenciones, que para muchos se convierte en una realidad absoluta, un dogma de fe e incluso en una religión. Y es que existe un paralelismo muy claro entre doctrina ecologista y doctrina religiosa. Como es natural, todas las religiones tienen sus dogmas: en la del cambio climático la maldad del CO2 es el suyo fundamental. Toda religión tiene también sus libros sagrados, los de esta son los famosos informes del PICC. Toda religión tiene igualmente sus concilios y en ellos se establece la doctrina que han de seguir los fieles; el de Kyoto fue el primero y el de París ha sido el último de los de la religión ecologista. Toda religión tiene sus apóstoles; los miembros del PICC en este caso. Y, finalmente, toda religión tiene sus sacerdotes, los "líderes" del cambio climático, Al Gore, por ejemplo. ¿No llama la atención el que cuando uno se encuentra con un ecologista, parece siempre tener un halo de actitud mesiánica, una mirada ausente dirigida a algo muy lejano, una actitud de fe trascendente en algo que los demás no percibimos? ¿No les fascina la "comunión" con la Naturaleza? ¿No les encanta estar salvando nuestro mundo, como buenos apóstoles?

Lo que les sucede a muchos ecologistas es lo que les pasa a algunas parejas de tontorrones enamorados que se miran y piensan: lo que a nosotros nos sucede es algo sublime y único en la historia de la humanidad, nuestro amor no se puede comparar con ningún otro. A los ecologistas (iba a escribir que a algunos pero en realidad es a casi todos), les pasa lo mismo y creen también que son los primeros en descubrir el amor por la naturaleza y sienten que su amor es también un fenómeno único e incomparable, algo sublime que no le ha pasado antes a nadie más. El ideal es tan noble y el objetivo tan importante que todo a su lado carece de importancia. Se han enamorado de la Naturaleza y sienten que esta les pertenece de pleno derecho en justa recompensa a su amor.

Escasa imparcialidad

Son pocos los que escuchan las conclusiones y recomendaciones del PICC y las toman como meras opiniones, y muchos menos los que creen que pueden estar equivocadas o que puedan responder a intereses particulares o propagandistas. Se da sin embargo por descontado que tras las críticas al PICC y su cambio climático sí que existen estos y que esas críticas son malintencionadas, retorcidas, egoístas y particulares. El argumento no es válido y no lo será nunca: tras las críticas y tras la oposición a la política del PICC es evidente que existen intereses, y es igualmente evidente que existen los mismos en su favor, no se trata de favorecer o perjudicar intereses que siempre los hay detrás de toda actividad humana, se trata de ver las cosas como son, que es lo primero y fundamental para que en el futuro puedan ser mejor.

El PICC tiene que saber perfectamente que el incremento de CO2 en la atmósfera por la acción del hombre es intrascendente en el cambio del clima, y que en todo caso y si lo fuera, después de 100 años de lucha y de gastar sumas fabulosas de dinero en ella, lo único que estaría logrando es retrasar en unos pocos años el panorama que verán nuestros descendientes dentro de esos mismos 100 años. Esa línea de acción es estéril a largo plazo e implica un despilfarro tremendo e inútil. No solamente inútil, sino perjudicial, porque haciendo como que se hace, no se hace lo que de verdad hay que hacer.

Aunque el nivel del mar subiera cinco veces más deprisa a lo largo del siglo XXI de cómo lo ha hecho en el XX (50 centímetros en lugar de 10) tampoco eso tendría mucha importancia y podría ser incluso un aliciente para impulsar las obras públicas y para que los países ricos inviertan en los países pobres.

La subida del nivel de los mares es una amenaza catastrofística equivocada, y este es un extremo que todo el mundo puede comprobar: Han pasado 22 años del siglo XXI, el 22%, y han pasado igualmente 34 desde que se creó el PICC que nació porque ese cambio era ya una realidad amenazadora y las consecuencias de la misma serían nefastas en un plazo de 25 años. El mar ha continuado ascendiendo a razón de aproximadamente 0,1 centímetros por año igual que en los últimos tiempos. A eso nos responden los ecologistas, que sí pero que subirá rápidamente dentro de 25 o 50 años por culpa de nuestras emisiones de anhídrido carbónico. Especulaciones, fe, suposiciones, vaticinios a largo plazo que son éticamente dudosos y científicamente hipotéticos por no decir falsos. Pero quienes tenemos una cierta memoria, recordamos que hace 39 años los estudiosos de los glaciares nos decían que el aumento del nivel del mar, a tenor del retroceso de los mismos, sería catastrófico para el año 2010. No, no es así, el glaciar Perito Moreno puede desaparecer en 25 o 50 años, pero eso no quiere decir que el nivel del mar suba 50 centímetros en ese mismo período de tiempo. Es una falacia unir dos hechos tan dispares. Por otra parte, con el Perito Moreno y otros glaciares no ha sucedido nada anormal, llevan 10.000 años retrocediendo y lo raro, lo verdaderamente raro, sería que dejaran de hacerlo en este momento para satisfacción personal de unos cuantos iluminados.

Es una pena que nos quedemos sin glaciares, que esas preciosas masas de hielo continentales desaparezcan, que cambien paisajes maravillosos, pero no está de momento en nuestras manos el evitarlo, y pensar que lo vamos a lograr simplemente con una ridícula disminución del CO2 generado como consecuencia de nuestra actividad —tan humana como natural— es sencillamente, dicho pronto y mal, una insensatez. Que el Perito Moreno desaparezca no es sino la consecuencia de su evolución desde hace 10.000 años. No tenemos la culpa los actuales habitantes del planeta de su desaparición, esta se produce coincidiendo con nuestro paso por el mundo, nada más. Tampoco es probable que el mar suba medio metro en este siglo XXI cuando en los primeros 22 años del mismo solo lo hará en 2,2 centímetro. Tampoco es probable que suba 37 centímetros en los próximos 25 años. Los políticos del PICC lo saben bien, por eso me temo que ya tienen preparada la respuesta "No ha subido, gracias a nuestras medidas, hemos estado muy acertados al tomarlas, gracias a una insignificante reducción real de producción de CO2 hemos cambiado efectivamente el clima".

En todo caso, el calentamiento del clima es algo natural y su cambio siempre ha afectado a la humanidad. ¿Es necesario preguntarse cómo vivían nuestros antepasados hace solamente 12.000 años, en pleno apogeo glaciar? Y sin ir tan lejos en el pasado, si simplemente mañana se iniciara un período frío como el de la Pequeña Edad del Hielo en la Europa medieval, los problemas de toda índole serían iguales a los que nos vaticina el PICC con "su" cambio climático. De todas formas, es muy dudoso que los humanos (tampoco la ONU ni el PICC) tengamos capacidad como para oponernos mínimamente al cambio del clima. Adoptar unas medidas costosísimas para reducir en una pequeñísima parte el CO2 producido por nuestras sociedades, que a su vez tiene una pequeñísima influencia en el supuesto cambio climático, no tiene ningún sentido. Aún aceptando las tesis del PICC, lo único que se lograría es que la realidad climática que tendremos en el año 2100, la tengamos quizás en el 2102 o en el 2104. Pero eso no cambia nada en términos relativos ni nos afecta a nosotros ni afectará a nuestros descendientes. Si estos dentro de un siglo nos van a reprochar algo de verdad, será precisamente el haberles dejado casi sin bosques y sin árboles. Eso es lo que, con toda razón, dirán los naturalistas del siglo XXII.

¿Existe una motivación real para que tengamos que dejar de movernos a nuestra voluntad en nuestros automóviles (que alegría para los sindicatos de conductores de autobuses, cobrarían más que los pilotos de Iberia), cerrar la centrales térmicas de electricidad y racionar esta, porque tampoco se pueden tolerar las centrales nucleares y las hidroeléctricas (así que en nuestras casas tendríamos un limitador de 500 o 1000 vatios como mucho, aunque con la gran ventaja de que todos tendríamos las mismas limitaciones, formaríamos un colectivo uniforme, salvo Al Gore, claro), cerrar refinerías, cerrar industrias, cerrar minas, etc.? Pensar en la desaparición en los próximos 50 años de cientos de millones de puestos de trabajo es una pura insensatez. De hecho, y por desgracia para la Naturaleza que soporta nuestro desarrollo (el que ya han conseguido los países ricos y ecologistas y el que quieren tener los países pobres y no ecologistas), en el próximo medio siglo se van a crear cientos de millones de puestos de trabajo. Eso es lo que de verdad hay que tener en cuenta. Hay que entender y aceptar el desarrollo económico y tratar de que no sea destructivo. Si se rechaza el desarrollo como primera medida ¿cómo se van a afrontar sus consecuencias?

No está nada claro, sin embargo, que el clima cambie debido a la actividad humana y mucho menos debido a una actividad antinatural. Tampoco lo está el que la causa del cambio radique en la quema de combustibles fósiles y en el ligerísimo incremento de CO2 en la atmósfera que ello conlleva. Es igualmente discutible que el CO2 sea un gas perjudicial para la Naturaleza en lugar de beneficioso. Pero lo que más llama la atención es que todo el mensaje catastrofista esté basado en profecías, en lo que ocurrirá dentro de 50 años. De momento, la realidad climatológica hoy, y el nivel de los mares hoy, no está de acuerdo con las predicciones que (los mismos convencidos del cambio) hacían hace 37 años. En el año 1985 se afirmaba con rotundidad que los glaciares retrocedían por nuestra causa y que en el año 2010 el mar habría subido de forma alarmante. Los glaciares han retrocedido porque el clima cambia, ya lo habían hecho antes, eso no era una novedad, y lo harán después, pero el nivel del mar sigue tal como estaba.

En los últimos 34 años (desde 1988), no se han cumplido las previsiones catastrofistas, lo que sí se ha producido es un cambio radical en la información acerca del cambio del clima, que antes era objetiva y ahora es finalista. Se produce un tremendo huracán en el Caribe: es por culpa del cambio climático (se olvida que esos huracanes hundieron más barcos españoles en el siglo XVII que los piratas); se produce una terrible inundación en Nueva Orleáns, es por el cambio climático; hace un verano muy caluroso en Suecia: es por culpa del cambio climático; llueve torrencialmente en la India: también es por el cambio climático. Cualquier catástrofe natural que supere las dimensiones normales es tratada por los medios de comunicación como una consecuencia del cambio climático del que se buscan pruebas desesperadamente. Hace más de un siglo el río Amarillo, en China, cambió de curso tras unas impresionantes inundaciones y pasó a desembocar 500 km más al sur de donde lo hacía hasta entonces, si eso ocurriera mañana, sería la prueba final y definitiva del cambio climático y de la amenaza que significa para la humanidad. No, todos esos son fenómenos naturales en el clima.

El mundo de la ciencia no debe permitir que sus teorías se impongan por métodos propagandísticos y demagógicos. De hecho, el que un fenómeno científico necesite "líderes" ya es en sí mismo intelectualmente rechazable y retrógrado.

No es que yo no quiera escuchar a los que propugnan el cambio climático, que me parece una teoría más, es que deseo escuchar con la misma fuerza a los que se oponen a la misma. No solamente no sucede esto, sino que quienes dudan de ella son descalificados, silenciados y menospreciados (y encontrar sus argumentos, mirar por sus ventanas, cuesta trabajo). El cambio climático no es tal como se está presentando a la sociedad un fenómeno científico, sino político. Lo que de verdad se está haciendo no es ciencia, es manipulación de la opinión pública. Literalmente, se está abusando de la confianza depositada por la sociedad en los ecologistas. Ese no es el camino.

El que una idea científica sea impuesta y defendida mediante la propaganda y la presión mediáticas, dice muy poco a favor de la misma e incluso repugna intelectualmente. No existe el "cambio climático", simplemente, el clima cambia; nos guste o no. Lo ha hacho antes y lo hará después. Por otra parte, no hay que tener miedo a los cambios, el clima cambia, sí, ha cambiado antes y nos ha beneficiado y es posible que cambie ahora y nos perjudique. Bien, tendremos que trabajar para evitarlo. No hay que olvidar que la vida misma es un proceso de cambio y no hay que asustarse porque esos cambios se produzcan. En un planeta sin cambios, en una atmósfera sin cambios, la vida no habría aparecido y no estaríamos aquí para quejarnos del efecto invernadero.

Despedida

Como el lector habrá comprobado, las páginas de este libro constituyen en su conjunto una dura crítica a lo que podríamos llamar "política medioambiental del CO2", aunque simplemente me he limitado a ver las cosas desde otra perspectiva, más lógica, más sensata y menos egoísta. Menos egoísta, sobre todo, porque personalmente no considero que el hombre sea el rey de la creación y el planeta nos pertenezca. He enfocado muchas de mis ideas vistas desde la perspectiva de los árboles, y tengo que decir que estos son mucho más dueños de nuestro mundo que nosotros. Los árboles nos han dado la vida, nos han proporcionado el oxígeno que respiramos, han creado el suelo fértil que cultivamos y del que vivimos, suavizan el clima, nos han protegido de las inclemencias y en los árboles vivieron nuestros remotos antepasados. Han sido esenciales en nuestra historia y además generosos. Con árboles hemos construido nuestras casas y con árboles las hemos calentado. Pero además, los árboles ya estaban en este mundo millones de años antes de que apareciéramos nosotros, ya estaban millones de años antes de que aparecieran los primeros mamíferos y millones de años antes de los dinosaurios.

Verdaderamente han sido los bosques los que han dado forma y han hecho habitable el mundo en el que vivimos. No creo que suene extraño el afirmar que tenemos una deuda con ellos.

¿Cómo la vamos a pagar?

Pues parece ser que provocando su extinción, que además supondrá después la extinción de la propia vida en la Tierra. No escribo fantasías. Tengo los pies bien puestos en el suelo, en el mejor de los suelos, en el de un bosque por el que me paseo mientras medito estas ideas. He comentado en las páginas anteriores que en la atmósfera hay una cantidad importante pero limitada de anhídrido carbónico, y he comentado también que un árbol como los pinos entre los que paseo, toma cada año del aire unos 187 kilos de CO2. Según esto, la cantidad total de CO2 que retiran de la atmósfera la totalidad de los árboles de nuestro mundo, suponiendo como he estimado en varios cálculos que existen 100 árboles por cada ser humano, sería de 140 MMT por año, lo que significa 100 MMT más de los que producimos los seres humanos.

Pero estas cifras hay que pulirlas. En primer lugar la del el número de árboles en el mundo. Personalmente he calculado 100 por cada habitante. En estudios publicados en Internet he encontrado cifras entre 68 y 140, y recientemente la revista Nature ha publicado que ese número es de 422. Esta última cifra no me parece aceptable, aunque quizás se han considerado como árboles arbustos y matorrales. En cualquier caso personalmente rechazo la cifra por exagerada y sin embargo encuentro que la mía está a medio camino entre los 68 y los 140, así que puede ser muy válida.

Pero no pienso lo mismo de los 187 kilos de CO2 capturados por mi pino como una cifra adecuada a la media mundial. En primer lugar el pino albar es un árbol de gran porte y de crecimiento rápido, otras muchas especias son más lentas. En segundo, mi pino crece en una latitud media con un clima muy favorable y se desarrolla durante todo el año, mientras que hay grandes masas forestales que crecen en zonas más áridas y por ello de manera más lenta y con menor desarrollo y porte. También hay grandes masas de bosque en latitudes muy al norte con clima muy frío en los que sus árboles apenas tienen actividad durante seis o siete meses al año, así que la cifra de quilos retenidos habrá que reducirla de forma importante, con lo que cantidad total de CO2 retenida por todo el arbolado del mundo estaría más bien en los 75 MMT. Si a esta cifra se suma el resto de la vegetación y la agricultura, obtendríamos una cantidad bastante superior a la producción humana de CO2, incluso teniendo en cuenta el agua de composición.

La primera consecuencia de esto es evidente: la Naturaleza vegetal absorbe más CO2 del aire del que producimos los humanos, luego toda esta historia del cambio climático debida a la quema de combustibles es un absurdo. La segunda es la más curiosa: si se hiciera realidad la meta de todo ecologista de vivir en un mundo de "cero" emisiones de anhídrido carbónico, sueño de todo el progre que se precie, la atmósfera perdería 40 MMT más de CO2 cada año, con lo que dentro de un plazo indeterminado, pero corto, de años, no quedaría nada de CO2 en el aire. Afortunadamente no ocurrirá así, porque los sueños ecologistas son sobre todo sueños y fantasías con mucha pasión, pero con poca razón.

Afortunadamente las cosas no serán así gracias a que nosotros producimos un CO2 que es necesario que vuelva a la atmósfera y que es necesario para las plantas y especialmente para los árboles. Pero esto deja tres cosas absolutamente claras: La primera, que el mundo vegetal neutraliza nuestra producción de CO2; la segunda que ese mundo necesita nuestra devolución de CO2 al conjunto de los gases atmosféricos; la tercera, que la influencia del anhídrido carbónico en el constante proceso de cambio del clima, es muy pequeña.

En conclusión, nuestro CO2 no solamente no es malo, sino que es imprescindible para el equilibrio futuro de nuestro planeta. ¿Es una locura pensar de esta forma? Creo que no, quizás en todo caso sea una imprudencia, quizás sea colocarme como un marginado ante la sociedad, quizás sea inoportuno o incluso molesto. Pero no estoy solo, ya lo he comentado antes, me acompañan cientos de miles de pinos de la sierra madrileña. También he dicho que los árboles hablan, y yo he tratado de escucharlos. Los árboles nos están pidiendo a gritos que devolvamos a la atmósfera el CO2 que ellos transformaron durante millones de años en oxígeno para que nosotros viviéramos. Hoy hay más de 500 partes de oxígeno por cada parte de anhídrido carbónico. Podemos devolver un poco al aire que nos rodea. Desde luego, los árboles nos lo van a agradecer.

Datos atmosféricos

Composición de la atmósfera en peso

Nitrógeno	77,70%
Oxígeno	20,86%
Gases nobles	0,93%
Vapor de agua	0,41%
Anhídrido carbónico	0,038%

Pesos atómicos de los componentes principales de la atmósfera

Nitrógeno (N2)	28
Oxígeno (O2)	32
Vapor de agua (H2O)	18
Anhídrido carbónico (CO2)	44

Agentes del efecto invernadero (recopilación estadística de datos)

Partículas sólidas y líquidas	24,03%
Vapor de agua	42,73%
Anhídrido carbónico	14,66%
Metano	10,80%
Ozono	3,61%
Óxido de nitrógeno	2,51%
CFCs y otros	1,66%

Made in the USA
Monee, IL
04 January 2025

76104712R00115